農村イノベーション

発展に向けた撤退の農村計画というアプローチ

COPA BOOKS
Councillors' Organization for Policy Argument

一ノ瀬 友博
（慶應義塾大学准教授）

イマジン出版

目　　次

1. 撤退の農村計画と農村イノベーション …………………… 5

2. 日本の農業と農村が置かれている状況 ………………… 8
    ・人口構造―世界と日本 ……………………………………… 8
    ・地球温暖化問題 …………………………………………… 10
    ・生物多様性の課題 ………………………………………… 12
    ・日本での取り組み ………………………………………… 13
    ・耕作放棄地と生物多様性 ………………………………… 14
    ・食糧自給率と農地の減少 ………………………………… 16
    ・農作物輸入自由化の影響 ………………………………… 19

3. 日本の農村地域で何が起こっているのか ……………… 21
    ・人口の移動と農村 ………………………………………… 21
    ・過疎地域の国土計画 ……………………………………… 22
    ・「限界集落」の現状 ………………………………………… 26
    ・限界集落へのプロセス …………………………………… 30
    ・集落の限界化・消滅のもたらす影響 …………………… 32
    ・耕作放棄地の行方 ………………………………………… 36

4. 日本の農村地域はどのように変化してきたか ………… 39
    ・歴史的にみる人口と農村問題 …………………………… 39
    ・人口増加と今の危機集落 ………………………………… 44

5. 景観や土地利用も変化している ………………………… 46
    ・江戸時代の土地利用の状況 ……………………………… 46

6．どう攻めに転ずるのか―「積極的な撤退」 … 55
- 定住自立圏とは … 56
- 三層の自立圏とは … 57
- 流域圏を基本とした居住圏の提案 … 59
- 流域居住圏とは … 60
- 岩手県でのケーススタディ … 63
- 流域居住圏の条件 … 67
- 流域居住圏をすすめるには … 68
- 解決できない問題 … 70

7．集落の診断と治療 … 73
- 集落支援のポイント … 73
- 参考になる地域復興支援員 … 74
- 撤退の方式 … 75

8．農村イノベーション … 78
- 社会イノベーションと農村イノベーション … 78
- コウノトリの野生復帰事業 … 81
- イノベーションに必要な人材育成 … 84

9．地域の抵抗力を高める … 86
- 変化に対応できる農村政策 … 86

引用文献 … 88

著者紹介 … 92

発刊にあたって … 93

1．撤退の農村計画と農村イノベーション

　「撤退の農村計画」は2006年5月に私を含む農村計画学会に所属する若手研究者4名が、共同研究会の立ち上げを決めたときに誕生した。その背景には、人口減少時代を迎えたとされる日本において、都市でさえ人口減少が深刻になり、はたしてこれからの農村地域はどうなるのであろうか、農村地域の活性化が日本全国で進められているが、どこもかしこも活性化で生き残るということは現実的ではないのではないかという問題意識があった。当時策定に向けて議論が進められていた国土形成計画においては、都市を計画的に縮退させるコンパクトシティという考え方が重要なキーワードになった一方で、農村地域や都市近郊地域には明確なビジョンが見えてきていなかった。一方で、「限界集落」という言葉がにわかに脚光を浴び始めた時期でもあって、中山間地域を中心に今後の日本の農山漁村地域をどうしていくのか、新たな計画手法を確立しなければならないという問題意識の下に、私たちは共同研究会をスタートさせた。

　それではなぜ「撤退の農村計画」なのか。私が提案したこの名称については、これまで数多くの人々から「スーパーやコンビニの撤退じゃあるまいし」や、「地域活性化の努力を否定するのか」、「地域住民に撤退しろと迫るのか」といったコメントや質問を頂いた。私は、「その真意は農村地域の再生です」と説明してい

る。「それなら撤退という言葉を前面に出すのはおかしいのではないか」という指摘も頂いたことがあるが、これまで活性化のために最大限の努力が払われていた中山間地域において、「撤退」という選択肢もあるのだということを強調するためにあえて「撤退の農村計画」と名付けた。

　有名な中国の兵法書「兵法三十六計」には、まさにその名の通り三十六の計が解説されており、その三十六番目に「走為上」がある。「にぐるをじょうとなす」と読む。日本のことわざとしては、「三十六計、逃げるに如かず」と言っている。いずれにしても、逃げるが最善の策であるという意味である。その真意は、勝ち目がないのであれば、今は逃げて兵力を温存し、反撃の機会をうかがうということである。「撤退の農村計画」にはこのような思いがこめられている。中山間地域の住民の皆さんは兵ではないし、限界集落問題や人口減少は見える敵との戦でもない。よって同列に扱うことはできないのは重々承知しているが、一方的に守りの姿勢になっている状況から、一時は退くという選択肢があることを提示し、より総合的な戦略の構築にまで持っていくことが目標である。日本の農林水産業を取り巻く状況も、個々の集落が置かれる状況も急速に変化しつつある。近年、様々な分野で「抵抗力（resilience）」[1]が議論されるようになってきているが、様々な変化に対応していける地域の抵抗力を高めることが必要である。撤退の農村計画では、地域の力を温存し、限られた資源の選択と集中を実行することを「積極的撤退」と呼んでいる。積極的撤退を経て、地域が打って出るのが農村イノベーションである。撤退だけでは地域は成り立たない。農村イノベー

ションによって、地域の既存の産業を強化し、さらに新たな産業を立ち上げることが、地域の抵抗力を高めることにつながるのである。

　なお、人口減少に伴う限界集落問題は漁業を中心に営む漁村集落や、林業が中心の林家集落においても、深刻な問題である。また、農業、漁業、林業を掛け持つ形で生計を営んでいる集落も数多く存在する。本書では主に農業を中心とした集落を対象として議論を進めていくが、撤退の農村計画が扱う対象としては、漁村集落、林家集落も含まれている。

2. 日本の農業と農村が置かれている状況

人口構造―世界と日本

　グローバリゼーション、あるいはグローバル化という言葉は、耳にしない日がないほど盛んに使われているが、日本の農業と農村地域もその例外ではなく、まさにグローバリゼーションの渦中にある。そして、地球規模の状況と日本の状況を比較すると、似て非なる課題も見え隠れする。地球規模でも日本でも共通する課題は、地球温暖化や生物多様性の喪失など環境問題である。世界では人口爆発が懸念される一方で、日本は2006年から人口減少時代に入ったとされている。世界では地球温暖化や人口増加の影響もあって砂漠化が進行し、耕作が可能な農地が急速に減少している一方で、わが国では耕作放棄地が急激に拡大している。まず、グローバルな視点から、日本の農業と農村が置かれている状況を概観しよう。

　図1は世界の人口の推移と2050年までの予測である。1950年には25億人足らずだった世界人口は、それから約40年で倍増し、2010年の時点では69億人に達するとされている。以前は2100年までに100億人を超えるのではと指摘されていたが、人口の増加はよりテンポを速め、図1の予測では2050年時点で91億人を超えるとしている。100億人を突破するのは

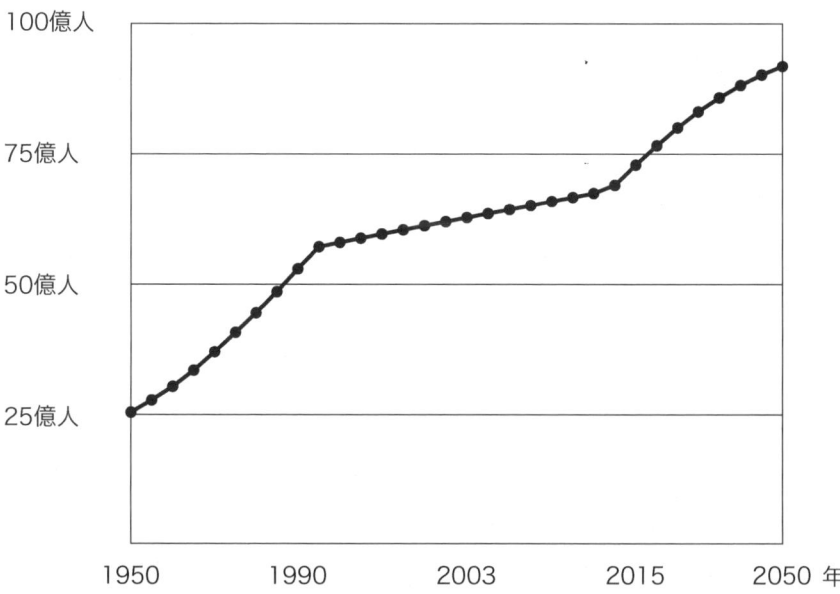

図1　世界の人口の推移（UN, World Population Prospects: The 2006 Revision より作成）

2100年より早まる可能性が高い。

　さて、日本はどうであろうか。図2は国立社会保障・人口問題研究所による2000年までの人口の推移と2050年までの将来人口の推計である。高位推計、中位推計、低位推計と3つの推計があるが、中位推計に基づけば日本の人口は2006年にピークに達した後、徐々に減少していく。2050年には約1億60万人になると予測されており、総数だけ見れば昭和40年代前半に戻ることになる。しかし、その年齢構成が全く異なるのは言うまでもない。昭和40年（1965年）には65歳以上の人口の比率（高齢化率）はわずか6.3％であった。一方で、中位推移における2050年時点での高齢化率は実に35.7％である。2009年9月には総務省より女性の4人に1人が高齢者となったと発表が

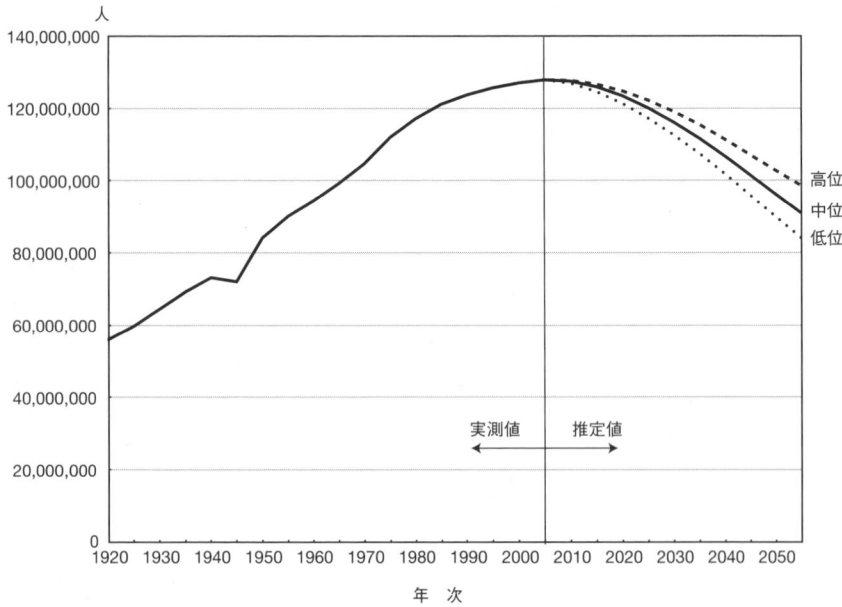

図2　日本の人口の推移と将来推計（国立社会保障・人口問題研究所ホームページより）

あったが、先の予測では2041年には高齢化率が33.6％とされており、3人に1人が高齢者になるとされている。以前は2100年頃には3人に1人が高齢者と言われていたが、想定されていた以上に猛烈な勢いで高齢化が進んでいることが分かってきている。近い将来、日本は他の国々が経験したことがないような超高齢化社会を迎えることが予測されている。

地球温暖化問題

また、地球温暖化問題は国内外を問わず深刻な問題である。2007年2月に国連の気候変動に関する政府

間パネル（IPCC）が発行した第4次評価報告書（AR4）によって人為的な温室効果ガスが温暖化の原因である確率は9割を超えると報告された。第4次評価報告書によれば、2100年には平均気温が1.8〜4度上昇するとされ、最悪の場合は6.4度上昇するとされている。地球温暖化に関わる情報は刻々と更新されているが、つい最近の報告では全世界で排出される二酸化炭素は2007年から2008年に約2%増加し、一人あたりに換算すると過去最高の1.3トンになったとのことである。この増加傾向は、第4次評価報告書が予測した最悪のシナリオに沿ったものになっている。地球温暖化の影響は多岐にわたるが、特に農業や漁業といった第1次産業に大きな影響を及ぼすことが予測されている。温暖化は必ずしも負の影響だけを及ぼすわけではなく、寒冷地にとっては生産が可能になる農作物が増えることなどもあり、ヨーロッパではイギリスがワインの生産適地になるのではないかというような議論もある。しかしながら、先の第4次評価報告書では、2〜3度を超える平均気温の上昇が起きると、すべての地域が悪影響を受けるだろうとされている。結果として、耕作適地が減少し、全世界の食料生産力が低下することになる。世界的な人口爆発が予測されているにもかかわらずである。また、温室効果ガスの削減を目的としたバイオ燃料の生産も、食糧供給に大きな影響を及ぼすという指摘もある。トウモロコシやサトウキビ、小麦など、食料によるバイオ燃料の生成が各地で進められているからである。

生物多様性の課題

　地球温暖化問題ほど耳目を集めていないが、2010年には生物多様性条約第10回締約国会議（COP10）が愛知・名古屋で開催される。2010年は国連が定めた「国際生物多様性年」であり、また、2002年にオランダのハーグで開催されたCOP6で採択された「締約国は現在の生物多様性の損失速度を2010年までに顕著に減少させる」とした「2010年目標」の目標年にもあたる。最近の数々の報告ではこの2010年目標は達成不可能であると指摘されている。そのためCOP10ではポスト2010目標が採択されることになっており、現在活発な議論が国内外で繰り広げられている。生物多様性の定義や詳細な意義については他の専門書[2]に譲るとして、生態系がもたらす生態系サービスが生物多様性の減少とともに低下することを取り上げてみよう。生態系サービスとは、生態系によってもたらされる数々の資源やプロセスからの人類にとっての利益である。生態系サービスは、供給サービス（食料やエネルギー）、調整サービス（気候調整や洪水防止）、文化的サービス（レクリエーションなど）、基盤サービス（物質循環や土壌の形成）、保全サービス（遺伝資源など）の大きく5つのサービスから構成される。すべてが人類の存続に大きく関わることであるが、農業や食料生産の視点からは特に最後の保全サービスが重要である。これまでの人類の発展は新たな農地や農法の開発に加え、多収量や病虫害に抵抗性の強い作物の品種改良によって支えられてきた。活用される可能性のある遺伝資源は、来るべき地球温暖化に対

応するためにも極めて貴重である。さらに、地球温暖化は様々な形で生物多様性にも大きな影響を及ぼすことが指摘されており、地球温暖化防止と生物多様性保全は、より一体的に扱われる必要がある。地球温暖化に生物が対応するためには、適した環境条件の場所に生物が移動するための経路を確保することが重要だとされており、生物の生息地をつないだエコロジカルネットワークを確保する必要がある。そのためには自然性の高い地域から都市などの自然性の低い地域において、それぞれ自然の再生や創造が必要であり、これらは地球温暖化防止にも大いに貢献する。

日本での取り組み

　地球温暖化と生物多様性に関わる国内の状況はどうであろうか。地球温暖化がもたらす直接的な悪影響について数々の研究が取り組まれている。農業においては、南日本において米の収量が減少する一方で、北日本では逆に増加すると予想されている。台風の巨大化や洪水の増加など私たちの生活に大きな影響を及ぼす予測も見られる。わが国は1997年に京都で開催された第3回気候変動枠組条約締約国会議（COP3）で議決されたいわゆる京都議定書において、2008年から2012年までの間に1990年に比べて6％温室効果ガスを削減すると目標を定めた。しかし、2005年の時点でわが国の排出量は逆に6％以上増加している。現在ポスト京都議定書についての議論が活発になされているが、2009年9月に政権交代が実現して発足した鳩

山内閣では、2020年までに1990年に比べて25％の削減を目標とするとし、2009年9月の国連気候変動首脳会合で鳩山首相が表明した。この目標は世界的に高い評価を受けたが、実現のためには国民が大きな負担を強いられるのは事実である。

耕作放棄地と生物多様性

　生物多様性についても、日本は例外ではない。現在COP10に提案する日本案が盛んに議論されており、2010年には生物多様性基本法に基づき新たな生物多様性国家戦略がまとめられる。2007年に閣議決定された第三次生物多様性国家戦略[3]においては、生物多様性に関わる3つの危機が示されている。第1の危機は開発や乱獲による影響、第2の危機は里地里山などが手入れをされないことによる影響、第3の危機は外来種による影響、そしてさらに地球温暖化による影響が別途初めて加えられた。農村が関わるのは第2の危機である。里地里山とは農耕地から里山までを含む範囲で、これまで農業によって支えられてきた人為的な二次的自然が、農業を始めとした人間の関わりが減少することによって失われてしまうことである。より具体的には、水田に生息するメダカやカエル類が耕作が放棄されることにより生息できなくなることや、里山と呼ばれる農用林に普通に見られたカタクリやシュンランといった植物が、管理が放棄されることにより、林床の植物が繁茂し、出現しなくなることなどである。以前農用林として利用されていた樹林がどの程度

あってどれだけ放棄されているのかの正確な統計は存在しないが、一部の樹林を除き、ほとんどすべての里山で管理が放棄され、植生の遷移が進行しつつあると考えられている。以前は薪や炭のための材を切り出したり、落葉が堆肥の生産に使われたりした農用林が、燃料の転換や化学肥料の普及によってその役目を失い、伝統的な管理がなされなくなっているのは当然といえば当然である。加えて、里山のみならず、耕作地も急速に失われている。図3は1975年から2005年までの耕作放棄地面積の推移である。1975年時点では耕作放棄地面積は約13万haで、全耕地の約2.5%であった。それが1990年頃から急速に増加し、2005年時点で約40万haで、全耕地の約1割を占めるまでに至っている。これは第三次生物多様性国家戦略でいう第2の危機がより進行していることを示している。

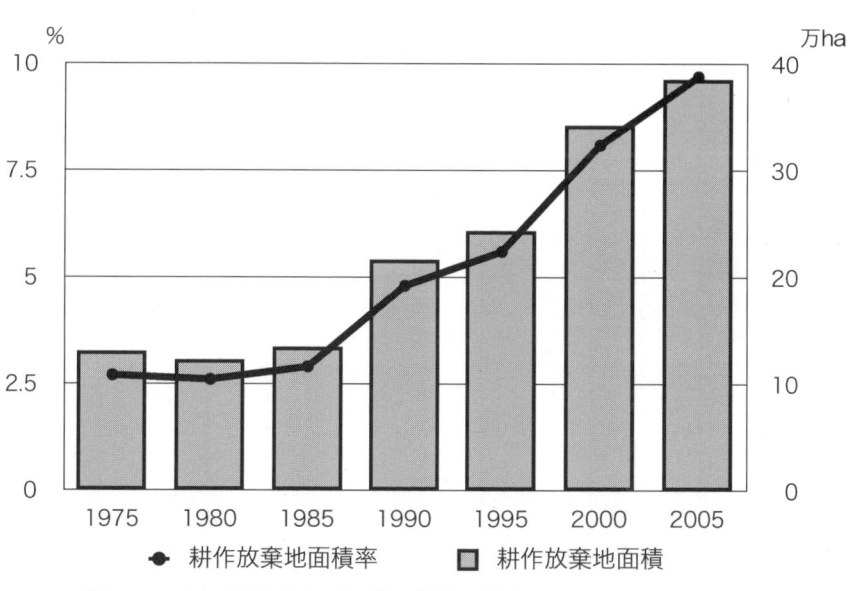

図3 日本の耕作放棄地面積の推移（農林業センサスより作成）

食糧自給率と農地の減少

　この耕作放棄地面積の増加は、生物多様性のみならず、日本の食糧安全保障にも影を落とす。図4は世界の主要先進各国の食糧自給率である。日本は主要先進国の中で最も食糧自給率が低いとされ、約40％である。日本と韓国については、消費されているカロリーベースで自給率が計算されており、実際に「摂取」されたカロリーをベースにすべきという議論もあるが、1日に必要なカロリーを2000キロカロリーとして農林水産省が試算したものでも自給率は約50％で、わずかにスイスを上回る程度である。図5はわが国の食糧自給率の推移で、1960年時点では約80％あった食糧自給率が、1970年代までに急速に減少し、1980年

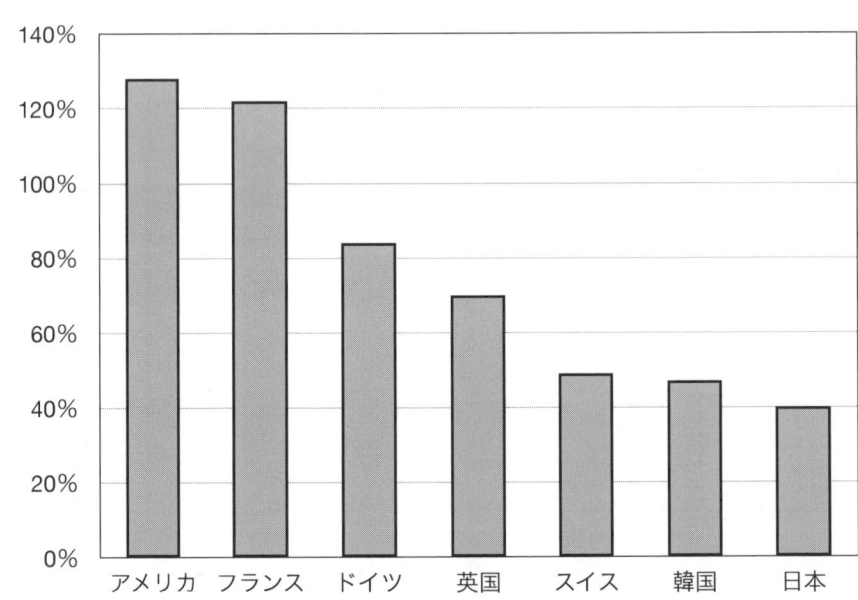

図4　主要先進国の食糧自給率（農林水産省資料より作成）

代後半には50％を割り込んだことが分かる。この期間にわが国の人口は図2にあるように急速に増加しているが、1969年に米の生産過剰が明らかになり、1970年からはいわゆる減反政策が開始されている。人口増加により食料生産が追いつかなくなったわけではなく、国民の食生活が変化し、高度経済成長も相まって食料の輸入が拡大したことがその最も大きな原因である。自給率が50％を割り込んだ1980年代から90年代の始めには、後にバブルと言われた好景気にも支えられ、欧米のような規模拡大が難しい国内の農地で非効率な農業生産を行うより、食料はすべて輸入してしまった方が効率的だというような極論まで飛び出していた。バブル経済は崩壊し、以前のような急速な経済成長が望めなくなり、現在は2008年9月の

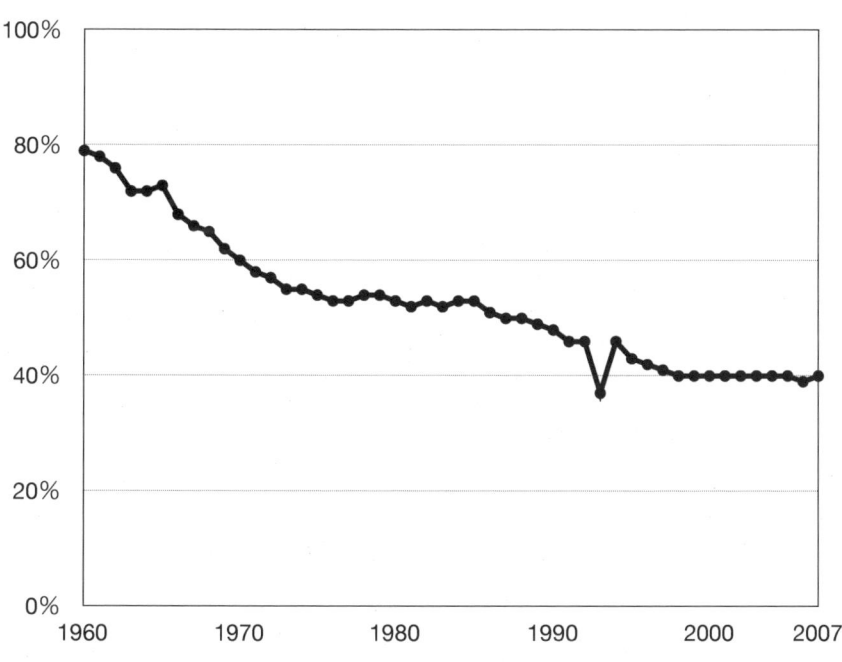

図5　日本の食糧自給率（カロリーベース）の推移（農林水産省資料より作成）

リーマン・ショックによる世界的な同時不況の渦中にある。一方で、新興国の経済成長が顕著になってきており、近々わが国は国内総生産世界第2位の地位を中国に明け渡すと予測されている。図6は近年の中国の食料輸入額の推移である。高い経済成長に支えられて、輸入額が近年急速に伸びていることが分かる。近年では日本国外での食材の買い付けが難しくなる「買い負け」が話題になり、さらには中国からの輸入食材における農薬の混入問題が国民的な関心事となった。輸入に頼る食料調達の危うさが露呈された形である。

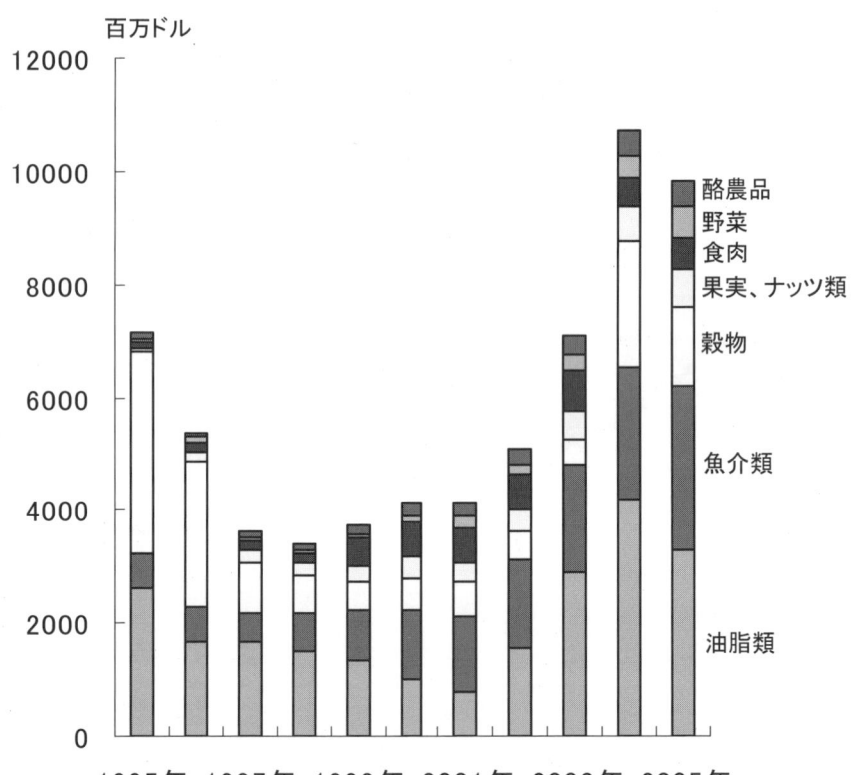

図6　中国の食料輸入額の推移（農林水産省ホームページより）

国外の不測の事態に対応するための食料安全保障の必要性も指摘されるなど、食糧自給率を取り巻く状況はめまぐるしく変化している。自給率、あるいは国内生産量がどのくらいでなければならないのかという本質的な議論が不可欠であるが、少なくとも国内の食料生産が十分でないにもかかわらず、多くの農地を失いつつあることだけは明らかである。

農作物輸入自由化の影響

　世界貿易機関（WTO）における農作物の輸入自由化の議論は、日本の農業と農村に大きな影響を及ぼしかねない。国際的な価格競争力を高めるための規模の拡大と効率的な農業への転換のための努力は必要不可欠であるが、そのことが結果的に温室効果ガス排出につながってしまうことは避けなければならない。里山のみならす、針葉樹の植林地も管理が放棄されていることが大きな問題となっているが、木材の自給率は20％前後を推移しており、大量の木材を海外から輸入している。特に発展途上国からの木材輸入は、その国の生物多様性減少を引き起こしているという指摘もある。農業や林業を始めとした一次産業においては担い手が不足し、従事者の高齢化も深刻であるが、一方で景気の後退もあって失業率は高い水準で推移している。

　これまで見てきたように、日本の農業と農村は、グローバルにもローカルにも、環境の視点からも経済の視点からも、実に複雑で困難な状況に置かれている。

しかし、これは決して他人事ではない。私たちの国の問題であり、私たちの口に入る食べ物に大いに関係する問題なのである。私たちは、この過酷な状況にチャレンジしなければならない。

3．日本の農村地域で何が起こっているのか

人口の移動と農村

　首都圏の通勤電車や高速道路の混雑の状況を見ていると、この国で人口が減少しているなどということは全く実感できない。私事であるが、2008年に兵庫県淡路島から神奈川県藤沢市に転居した。淡路市では保育園や小学校の統廃合が真剣に議論されていた。藤沢市で私の子どもが通う小学校では、児童数の増加により教室が不足するという事態に陥っている。首都圏では待機児童数が過去最悪と言えるまで増加している。「限界集落」という言葉が、盛んにマスコミに取り上げられるようになったが、切実な問題として受け止めている国民は少数派ではないだろうか。人口減少時代と言われても、大都会では人々は依然として過密な住環境に置かれているのである。

　わが国の農村地域は、第二次世界大戦以降一貫して「過疎」という問題を抱えてきており、国民のほとんどが知らないうちに数多くの集落が姿を消していった。2006年に公開された「映画寒川」で宮崎県の消滅した集落が映画の題材として取り上げられたが、このような例は滅多になかった。そして、これからも数多くの集落が人知れず消えていこうとしているのである。過疎とは、人口が急激かつ大幅に減少し、地域社

会の機能が低下し、住民が一定の生活水準を維持することが困難になった状態をいう。いわゆる過疎法においては、過疎地域を「人口の著しい減少に伴って地域社会における活力が低下し、生産機能及び生活環境の整備等が他の地域に比較して低位にある地域」と定義している。基本的には、離島や農村地域が対象とされる。過疎問題を引き起こした大きな要因としては、1960年代前後の高度経済成長期の急速な工業化に伴い、農村地域から都市域に労働力としての人口移動が起こったことが挙げられる。この時期には元々戸数が大きかったような集落でも消滅してしまうような事例が見られ始め、過疎という言葉が生まれることになった。この過疎対策として、1970年に過疎地域対策緊急措置法が時限立法で誕生し、以後10年ごとに過疎地域振興特別措置法（1980年）、過疎地域活性化特別措置法（1990年）、過疎地域自立促進特別措置法（2000年）と更新されてきた。2010年は更新の時期に当たり、現時点では超党派の議員立法で更新される方針が示されている。これらの過疎法では、基本的に人口の減少率により過疎地域を指定しているが、その要件は複雑であり、全市町村の面積の約半分が過疎地域とされている。これらの過疎地域に対し、代々の過疎法により様々な対策が講じられてきた。

過疎地域の国土計画

　国土計画的な視点からはそのような地域はどのように扱われてきたのだろうか。第二次世界大戦以降の日

表1 全国総合開発計画（国土形成計画）と
農村地域に関わる圏域と考え方の変遷

新全総（1969）	広域生活圏
三全総（1977）	定住圏
四全総（1987）	定住圏 広域ネットワーク化
21世紀の国土のグランドデザイン（1998）	多自然居住地域
国土形成計画（2008）	国土の国民的経営 コンパクトシティ

総務省による定住自立圏構想（2008）

本の国土のあり方は国土利用計画と全国総合開発計画（全総）において示されてきた（表1）。土地利用という意味では、1974年に制定された国土利用計画法に基づく国土利用計画の範疇であるが、国土のあり方の議論は全国総合開発計画（いわゆる全総）においてなされてきた。全国総合開発計画は、1950年に制定された国土総合計画法に基づき策定されるもので日本の国土の利用や開発についての基本的な計画であった。1962年に初めて策定され、1969年には第二次として新総合開発計画（新全総）が定められた。この新全総において、広域生活圏という用語が登場し、過疎が進行するような地域が関係する圏域のあり方が初めて示された。広域生活圏は、地方の中核となる都市を整備するとともにこれと圏内各地域を結ぶ交通体系を確立しようというものであった[4]。これがより具体的となったのが第三次全国総合開発計画（三全総）の定住圏であった。三全総では人間と自然の調和の取れた安定感のある健康で文化的な人間居住の総合的環境を整備することを基本目標とし、それを実現するための方策として定住圏構想を掲げた。自然環境を始めとした

3. 日本の農村地域で何が起こっているのか

23

国土の保全と利用及び管理、生活環境施設の整備等が一体として行われ、住民の意向が十分に反映される計画上の圏域を定住圏とした[4]。つまり、初めて都市圏以外の地域のあり方が明確に示されたわけである。バブル経済絶頂期の1987年に策定された第四次全国総合開発計画（四全総）では、多極分散型の国土を目指すとされ、定住圏は相互をつなぐ交通・情報網を整備してネットワーク化するとされた。この考え方は、道路整備を推進する口実にもされ、各地で高速道路を始め、橋やトンネルの巨大プロジェクトが進められた。バブル経済崩壊後の1998年に策定された全国総合開発計画は、五全総とされずに21世紀の国土のグランドデザインと名称を変更された。これまでの開発色が強い計画から、今後の国土のあり方を示すビジョン性の高い計画へ様変わりした。その中で、多自然居住地域という圏域が提案された。多自然居住地域では、農村地域に見られる豊かな自然環境を積極的に評価し、農林業を中心とした循環型の社会の構築を目指す。多自然居住地域は人口10万人以下の地方中小都市の周囲に数多く位置しているため、これらとネットワークを形成しながら連携してゆとりのある生活と自然との交流を享受しようとしたものであった[5]。国土のグランドデザインがとりまとめられた1990年代後半は限界集落問題が顕在化する直前の時期であったが、この多自然居住地域によって農村地域の将来像がある程度示されたと評価できるであろう。

そして2005年に国土総合開発計画法が国土形成計画法へと抜本的に改革され、2008年に国土形成計画（全体計画）[6]が策定された。この国土形成計画は、先に述べた人口減少時代を強く意識したものとなった。

計画の議論開始時の安倍内閣の方針もあって「美しい国」というコンセプトが前面に出され、景観や自然環境に関わる記述が大幅に増えるなど、前の国土のグランドデザインに比べてもさらに開発色が薄れた。人口減少に対応し、環境負荷を軽減するためとして、都市を計画的に縮退させるコンパクトシティの考え方が示されたものの、先の多自然居住地域の考え方は大きく後退した。最終的な国土形成計画には、多自然居住地域の用語が二カ所で使われているが、案の段階では全く使われていないという状況であった。地方都市も縮退していく中で、限界集落を含む中山間地域をどのようにしていくのか、その明確なビジョンは示されなかった。この傾向は、国土形成計画法により法定計画として策定されることになった各地域の広域地方計画においても同様であった。唯一九州圏の広域地方計画においては、三層の自立圏として農村地域のあり方について言及している[7]。一方で、国土形成計画では、それまであまり目にしなかった「新たな公」や「国土の国民的経営」という考え方が示された。特に、国土の国民的経営は人口減少と急速な高齢化に伴って国土が所有者や管理者に適切に管理されなくなることを想定しての考え方である。つまり、私有地でありながら適切に管理されない土地が急速に増加することが考えられるので、それらの管理に第三者の多様な主体が関わることを提案している。

　国土形成計画策定の議論と並行して、2008年に総務省により定住自立圏構想がとりまとめられた。定住自立圏は、人口５万人程度の地方都市を中核とし、その周辺都市を含む圏域で、自治体間で協定を結ぶことによって、圏域を設定し、行政機能や民間サービスを

相互に補完し合うというものである。つまり、多自然居住地域を地方都市の側から再設定したような圏域であるとも言える。多自然居住地域で謳われた農村地域の自然環境を積極的に捉えるというよりは、過疎の進行と財政状況の悪化によって農村地域の市町村に生活機能のフルセットをもはや提供できなくなり、どのように様々なサービスを提供するかと考えた上での苦肉の策とも言える。三層の自立圏と定住自立圏については、後でより詳しく解説する。

「限界集落」の現状

　さて、ここで限界集落に話を戻そう。限界集落という用語が初めて定義されたのは1991年のことであるが、当時はあまり注目されることはなかった。2000年代に入ってから、にわかに脚光を浴びるようになってきた。大野[8]によれば、限界集落は65歳以上の人口が集落の半数を超えてしまっている集落であるとしている。つまり、高齢化率が50％以上ということである。高齢化の結果として、冠婚葬祭など社会的共同生活の維持が困難になっている集落を指す。一躍知名度が高くなった限界集落であるが、高齢化率に基づいて「限界」と決めつけるなんてけしからんという反発も多く、兵庫県や宮崎県のように「元気集落」や「いきいき集落」と呼び方を変えようという動きも多い。実は、国を始めとした行政機関ではあまりこの用語は使われていない。高齢化率が50％以上というのはわかりやすい一方で、集落として社会的共同生活の維持

が困難になっているとどのように判断するかは非常に難しい。また、そもそも農業をはじめ、一次産業従事者は必ずしも65歳で一線を退くわけではなく、農業の引退は75歳ぐらいではないかという議論もある。

　限界集落という言葉が適当かどうか、その定義が適切かどうかについてはここでは議論しないが、現実として限界状態にある集落は存在し、近い将来消滅していく集落も次々現れてくるだろう。例えば、2008年には京都府京丹後市の1戸しか残っていない集落で、集落を存続させるために区長を公募するという試みが大きく報道され話題となった。表2には2006年に国土交通省と総務省が共同で実施した集落の消滅可能性についての全国的調査の結果を示した[9]。この調査は全国の市町村へのアンケートという形式を取っているが、限界集落を調査しようとしているわけではなくて、アンケートに回答する市町村の関係部局、あるいは担当者が「10年以内に消滅」する可能性がある集落、「いずれ消滅」する可能性がある集落の数を回答する形式を取っている。何をもってそれを判断するかという難しさはあるが、より現場に近い市町村の担当者の判断は現実に即したものであるとも言えよう。その結果を見ると、比率では中部圏が10年以内に消滅すると判断された集落が最も多く（全集落の1.5%）、それに四国圏が続いている（1.4%）。いずれ消滅と判断された集落が最も多かったのは四国圏（6.1%）で、次いで近畿圏（5.6%）であった。比率ではそれほど高くないが、集落数では中国圏は10年以内に消滅が73集落と四国圏に次いで多く、いずれ消滅と判断された集落は425で最も高かった。逆に存続の比率が最も高かったのは、九州圏で89.2%であった。しかし、

表2 日本全国の消滅可能性のある集落（文献9より）

全体	今後の消滅の可能性別集落数				
	10年以内に消滅	いずれ消滅	存続	不明	計
北海道	22 (0.6%)	186 (4.7%)	3,367 (84.2%)	423 (10.6%)	3,998 (100.0%)
東北圏	65 (0.5%)	340 (2.7%)	11,218 (88.1%)	1,104 (8.7%)	12,727 (100.0%)
首都圏	13 (0.5%)	123 (4.9%)	1,938 (77.2%)	437 (17.4%)	2,511 (100.0%)
北陸圏	21 (1.3%)	52 (3.1%)	997 (59.6%)	603 (36.0%)	1,673 (100.0%)
中部圏	59 (1.5%)	213 (5.5%)	2,715 (69.6%)	916 (23.5%)	3,903 (100.0%)
近畿圏	26 (0.9%)	155 (5.6%)	2,355 (85.7%)	213 (7.7%)	2,749 (100.0%)
中国圏	73 (0.6%)	425 (3.4%)	10,249 (81.7%)	1,803 (14.4%)	12,550 (100.0%)
四国圏	90 (1.4%)	404 (6.1%)	5,448 (82.6%)	654 (9.9%)	6,596 (100.0%)
九州圏	53 (0.3%)	319 (2.1%)	13,630 (89.2%)	1,271 (8.3%)	15,273 (100.0%)
沖縄県	0 (0.0%)	2 (0.7%)	168 (57.7%)	121 (41.6%)	291 (100.0%)
全国	422 (0.7%)	2,219 (3.6%)	52,085 (83.6%)	7,545 (12.1%)	62,271 (100.0%)

■：各消滅の可能性において該当集落数・割合が最も大きい圏域
▨：各消滅の可能性において該当集落数・割合が2番目に大きい圏域

　その後の九州地方整備局の調査で、九州圏の多くの集落も限界状態にあり、10年以内に消滅する集落は71集落にのぼると報告されている。この調査結果からは、集落消滅の危険性は、「西高東低」の現状にあることがうかがえる。
　より具体的にそのような現状を地図で見てみよう。図7は岩手県全体の高齢化率の推移を分布図で表している。先に挙げた大野[8]の限界集落の定義は、あくまで「集落」を単位としたものであるので、統計的に国勢調査などの原単位ごとに高齢化率を求めた場合には

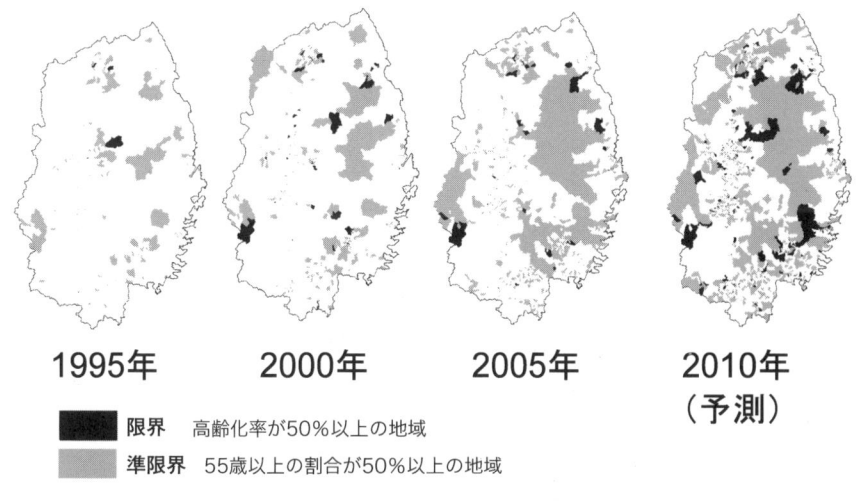

■ 限界　高齢化率が50％以上の地域
■ 準限界　55歳以上の割合が50％以上の地域

図7　岩手県の高齢化率の推移

「限界集落」とは呼べない。図7では高齢化率が50％以上の地域を便宜的に「限界地域」、55歳以上の比率が50％以上の地域を「準限界地域」としている。1995年から2005年までは国勢調査に基づく現状で、2010年については単純なコーホート要因法を用いて概算したものである。2010年予測の正確性については置いておくとしても、限界地域、準限界地域が増加している様子が見て取ることができる。

それでは、集落の消滅はどのようなプロセスで進むのであろうか。集落の限界化、消滅については、数多くの研究がなされている。農村地域の過疎化と再生の第一人者である小田切は最近の著書[10]で、集落の衰退を3つの空洞化として整理している。一つめは人口自体が減少する人の空洞化である。二つめは、農林地が荒廃していく土地の空洞化である。そして、三つめが集落の機能が脆弱化していくむらの空洞化である。そのプロセスとしては、まず人口が減少する人の空洞

化が起こるものの、当初はそれほど集落の機能は低下しない。しかし、人口の減少が社会的要因によるものから、高齢化に伴う自然現象によるものに移行してくると、集落の機能が低下していくむらの空洞化が起こり始める。人口が減少する中で住民は何とか集落の機能低下を食い止めようと努力をするが、ある時点（臨界点）を超えると急激に機能が脆弱化するという。これが集落の限界化の始まりであるとしている。その後人口がなくなるより前に、集落の機能は消滅し、続いて残った住民が集落を離れ「無住化」する[10]。

限界集落へのプロセス

　私は、2008年度に集落限界点を探り、持続可能な圏域の構築を試みる共同研究を行った[11]。その際に、過去の集落消滅、廃村の事例を文献によって検証した結果、図8に示すようなプロセスが見えてきた。初期の段階では、外部的な要因としては、土地条件の悪さ（生産性やアクセス）が原因で、農地の中でも縁辺部に位置する農地が放棄されるようになる。しかし、この段階では集落の機能はフォーマルな人間関係によって維持されている。フォーマルな人間関係とは集落にある様々な組合や自治組織における人間関係で、それらの代表者の選出などもルールに則って適切になされている状態である。しかし、多くの農業従事者が兼業農家である中で、もう一方の安定した職業の機会が失われる、あるいは減少することによって、農業自体をあきらめ、集落を離れる人々が出てくる。バブル経済

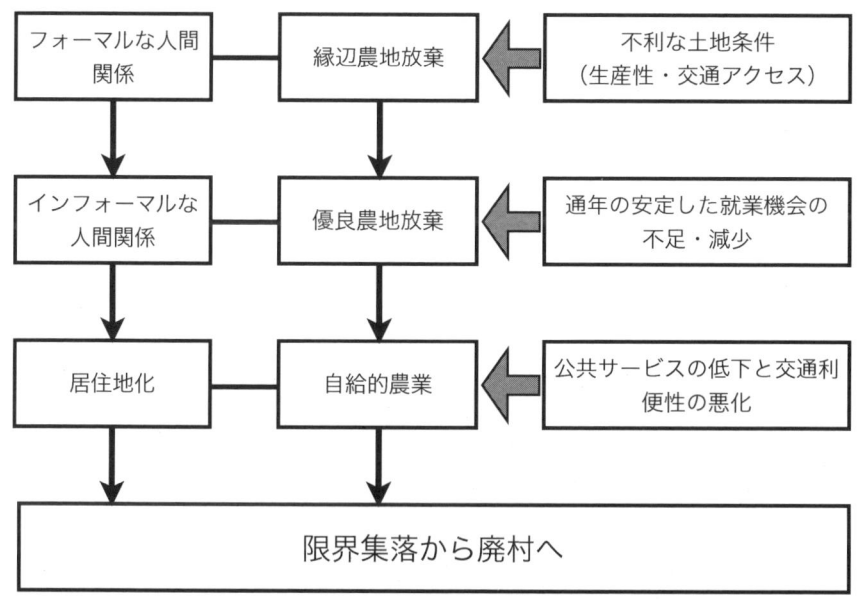

図8　廃村に至る過程とその要因（文献13より作成）

崩壊以降、この傾向が顕著となってくる。農地を持ちながら集落を離れる人々が出てくるために、優良農地が耕作放棄地化する。この段階が集落消滅のプロセスとしては重要で、先の小田切[10]がいう臨界点にあたるだろう。この段階になると働き盛りの人材の流失を受けて、フォーマルな人間関係によって成り立っていた集落維持機能も脆弱化する。人々の関係は、血縁や近所づきあいなどのインフォーマルな関係が主になってくる。さらに、急激な人口減少に加え、近年の自治体の財政状況の悪化などにより、病院の撤退、学校の統廃合、バスを始めとした交通機関の撤退や便数の大幅減少などの公共サービスの著しい低下を受け、自ら移動できる住民は集落を離れ、残った高齢者は自給的な農業が中心となる。この段階になると、都市におけ

るニュータウンの高齢化と同じような状況で、地域のコミュニティも崩壊し、ただ住んでいるだけの「居住地化」が起こる。この時点で、既にほぼ限界集落化しているが、伝統的な祭の維持などもできなくなり、ついには消滅に至る。このような集落の消滅を、私たちは「消極的撤退」と呼んでいる[12]。

集落の限界化・消滅のもたらす影響

　このような集落の限界化、消滅によってどのような具体的な問題が起こるのであろうか。まず、自ら移動することができず残される住民、特に高齢者の生活の質（QOL）の悪化が挙げられる。この点についても、近年数々の報道が見られるので、広く一般的に認識されつつあるが、医療福祉の機会を失う問題や日常生活用品の購入にすらいけなくなるという指摘もある。図9は昨年度の私たちの共同研究において輪島市門前町でアンケートを行った結果の一つであるが[13]、65歳未満、前期高齢者（65歳から75歳未満）、後期高齢者（75歳以上）に分けて、自動車の利用状況を聞き集計した。門前町の一帯では公共機関としてバスはあるもののその本数は極めて限られている。その結果、65歳未満ではほとんどの回答者が自ら運転し、前期高齢者になるとその比率が70％程度に下がり、後期高齢者となると自ら運転をしている人は半数以下になった。逆に、家族や親戚に運転してもらうと答えた割合が、自ら運転すると答えた割合と逆転して、半数を超えている。この結果には、近年の高齢者の運転の

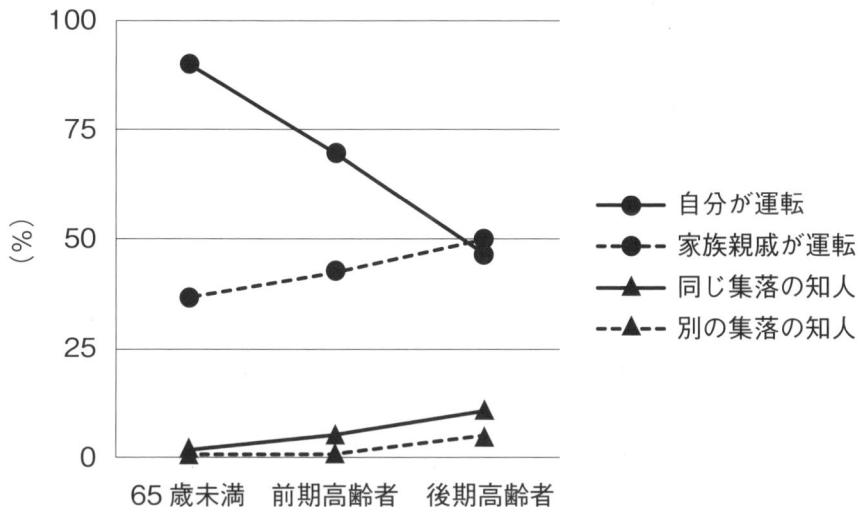

図9　年齢層別の運転者の割合（林・齋藤・一ノ瀬, 未発表）

安全性についての議論も関係していることが考えられるが、いずれにしても後期高齢者に該当する住民の多くは家族や親戚の協力なしでは買い物にも事欠く実情がうかがえる。

　次に山林や農地の管理がなされなくなることにより、生物多様性の減少を招くことについては先に説明した。さらには鳥獣害の増加も大きな問題である。耕作放棄地の増加により、イノシシやシカが身を隠す場所が増え、より農地にアクセスしやすくなると考えられている。また、残っている農地が集中的に被害を受けることにもなる。この鳥獣害がさらに地域住民の農業を継続する意志をそぐという負の連鎖が生じているという指摘もある[14]。

　さらには、農村景観の悪化も挙げられるだろう。2005年の文化財保護法の改正において、文化的景観が文化財として保護されることになった。文化的景観

は人間と自然の相互作用によって生み出された景観であり、わが国においては棚田を始めとして農業の営みによって形成されたものが、重要文化的景観とされたものの多くを占める。これらの景観は人間の働きかけが以前と同じように続いてこそ維持できるものであり、農地や山林の維持管理の放棄によりその姿を大きく変えてしまう。

　伝統文化や地域性も消失の危機にある。どの集落でも祭を始めとした伝統文化や信仰の対象となる祭祀空間を大事にしており、何とかそれらを維持管理し続けたいという意向は強い。祭については、集落を移転したような場合にも、移転先で継続されるようなことも見られるし、祭祀空間については無人化したあとも移転した元住民により細々と維持管理されている例も多い。しかし、元の場所から切り離されることによって、伝統文化が変容していくことも容易に想像できる。集落が消滅することによって、伝統文化やその地域らしさが失われる危険性は大きい。

　集落が消滅し、完全に林地、農地が放棄されたあとにも、数々の問題が指摘がある。林地や農地が維持されなくなったことによる災害の発生については異論が少なくないが、台風などが襲来するたびに適切に管理されていなかった植林地から大量の樹木が流失したりする例は数多く見られる。集落が消滅しても、道路は必ずしも撤去されないことが多く、治安の悪化は大きな問題であろう。2009年には山奥の耕作放棄地を使って暴力団が大麻草を栽培していたというような事件も摘発された。また図10に見られるように、ゴミの不法投棄の問題は全国的に見られ、多くの自治体を悩ましている。住民が移転する際に家屋を解体して移転す

図10　消滅した集落の道路脇の不法投棄

るような事例も見られるが、ほとんどの消極的撤退の事例では、移転後も家屋が残っていることが多い。通常数年間は、移転した元住民により定期的に維持管理されているものの、元住民の健康状態の悪化などにより次第にうち捨てられるようになる。その結果として、図11に見られるような廃屋が放置され、不法侵入されるようなことも多々ある。またそこに勝手に住み着くものが現れる例も知られており、治安上大きな問題となる可能性もある。

図 11　消滅集落に残された廃屋

耕作放棄地の行方

　それでは、放棄された林地や農地はどうなるのであろうか。場所によりその変遷過程は異なるが、いずれにしても次第に様々な樹木が侵入し（図12）、植生の遷移が進行していく。100年以上の非常に長いタイムスケールでは、その土地条件にあった樹林へ変化していくであろう。放っておけば自然の林に戻ると主張する向きもあるが、残念ながらあまりそれは期待できない。詳細な説明はここでは避けるが、既に日本全国のほとんどの山林は人為的な影響を強く受けてきており、良好な状態で残されている天然林はごくわずかで

図 12　耕作放棄された水田に侵入した樹木

ある。そのような天然林に隣接する地域では、天然林からの種の供給を受けていずれ良い森林が再生することが考えられるが、そのような天然林が存在しない地域、あるいはそのような場所から分断されている地域では豊かな森林が「自然」に復活することはないのである。

　農地を失うことは、食糧の安定供給を維持する食料安全保障上も大きな問題である。今は不要とされている農地も、将来食糧の増産のために必要となる可能性は大いにある。水田における耕作放棄とその後の復田のコストを比較した研究では[15]、6年間放置した水田を復田するコストは、休耕地を毎年維持管理するコストの10倍であるとしている。さらに、木本植物が侵

入することにより復田のコストは飛躍的に上昇することが指摘されていて、一定期間以上放棄され木本が多数侵入すればそのコストは新たに開墾する場合に限りなく近づく。そうであれば、何もせずに必要なときに開墾すればよいのではという意見もあろうが、必要となったときに日本全国で一気に開墾するというのは現実的ではなく、有田らは[15]、粗放的な方法で農地を維持管理しておくことを推奨している。

4．日本の農村地域はどのように変化してきたのか

　前章で見てきたように、限界集落問題は西日本を中心に日本全国の課題となりつつある。それでは、限界集落問題を抱えている地域は、そもそもなぜそのようになってしまったのであろうか。その地域のあり方に問題があったから自らそのような結果を招いたのであろうか。もちろんそういった例もあるかもしれないが、ほとんどがその地域や集落の責任ではない。なぜ現在のような状況に置かれることになったのかは、より長期的なタイムスケールで考える必要がある。

歴史的にみる人口と農村問題

　図13は日本のより長期的な人口の推移を示したものである。1192年の鎌倉幕府成立時は757万人、その後1603年の江戸幕府成立時が1,227万人と推定されているので、これまでの時期には比較的少ない数で安定していたことが分かる。それが江戸中期までの約百数十年間に3,128万人まで急増したとされている。この要因としては、江戸時代になり政治が安定したことと、土木技術の発達により新田開発が進んだことなどが指摘されている。しかし、江戸中期までの人口増加以降は、1868年の明治維新頃まで3千万人強で推

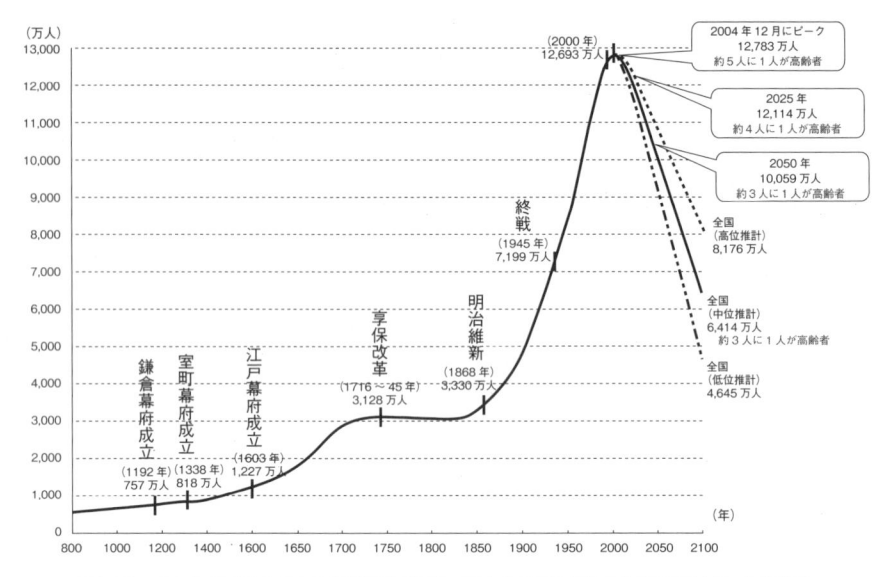

図13 日本の総人口の長期的推移（国土交通省国土計画局作成資料）

移し、大きな変化が見られない。一般的には、この江戸時代後期には全地球規模で寒冷化した影響で飢饉が頻発したからとされている。明治維新以降は急激に人口が増加し、現在に至る。人口急増の最も大きな要因は西洋医学の導入による乳児死亡率の低下であるとされている。

江戸時代末期になると、欧米から訪れた人物により当時の日本の様子が記録されている[16]。それらの多くでは、日本の国土の至る所が適切に管理され、農地が広がり、農村地域に広く人口が分布していたことがうかがえる。街道にはゴミ一つなく、美しい農村景観を賞賛する記述も見られる。江戸時代末期まで日本は鎖国状態であったので、当時の食糧自給率はほぼ100％であった。日本の国土で3千万人強の人口の食料をまかなっていたことになる。

このような歴史的な事実から、人口減少を積極的に

捉えようという意見もある。つまり、過度に過密になった現在からある程度人口が減少した方が、自然環境にとっても、人間にとっても望ましいだろうということである。それは自然環境にとってはある程度事実かも知れない。しかし、人間についてはその年齢構成に着目せずして、単純に数のみを比較できない。図14は国立社会保障・人口問題研究所によって予測された2055年時点での人口ピラミッドである。もはや紡錘形を通り越して、逆三角形になりつつある。図15は1930年の人口ピラミッドである。当時の人口は6450万人足らずであったが、まさにピラミッドの形状である。

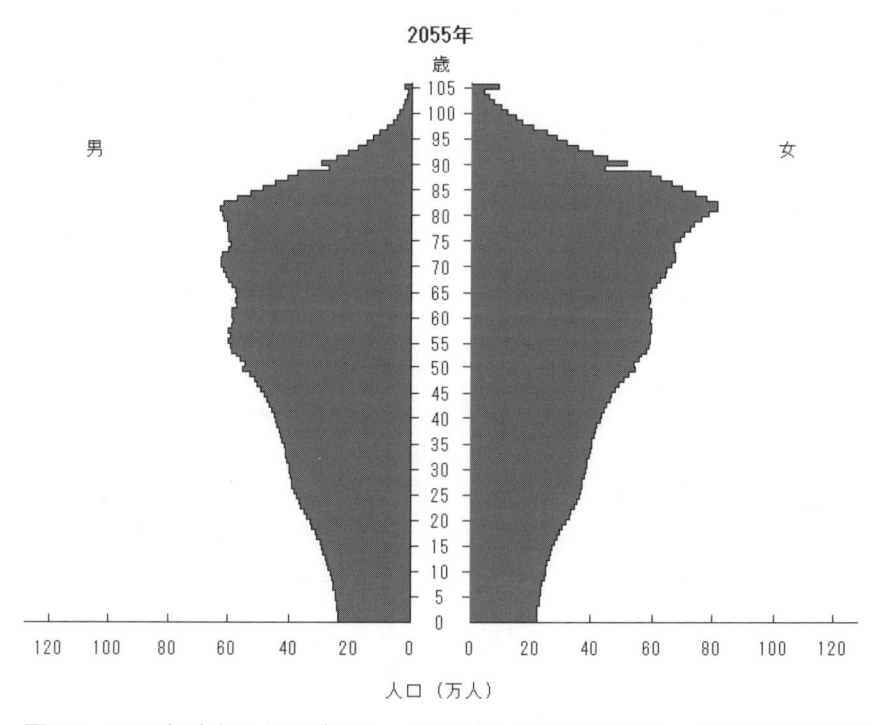

図14 2055年時点の人口ピラミッドの予測（国立社会保障・人口問題研究所ホームページより）

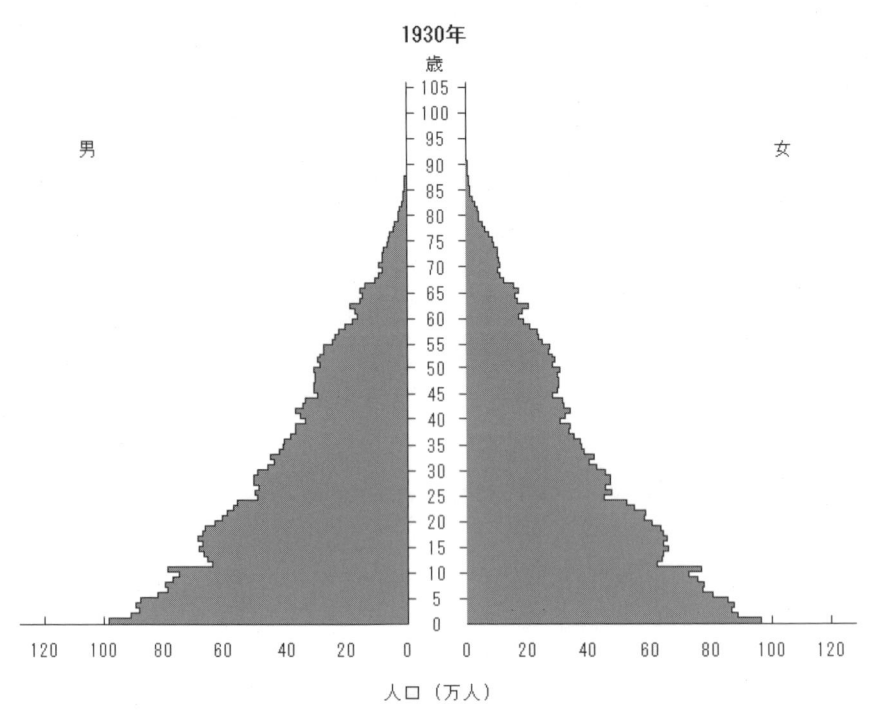

図15　1930年の人口ピラミッド（国立社会保障・人口問題研究所ホームページより）

　江戸時代の日本全国の人口ピラミッドは再現されていないが、図16は一つの村の宗門改帳を詳細に研究することによって、再現された人口ピラミッドである[17]。その名の通りピラミッド状をなしており、90歳ぐらいまでの高齢者も存在していたこともうかがえる。速水[17]は、現在の岐阜県に位置する西条村の宗門改帳を97年間分にわたって詳細に調べ、その人口動態を明らかにしている。その結果からは、江戸時代の農村地域の庶民の暮らしを垣間見ることができる。図16のハッチがかかった部分は、本籍は西条村にあるものの堺や京都などの都会へ奉公に行っている人々である。速水の一連の研究[17]から、江戸時代中後期

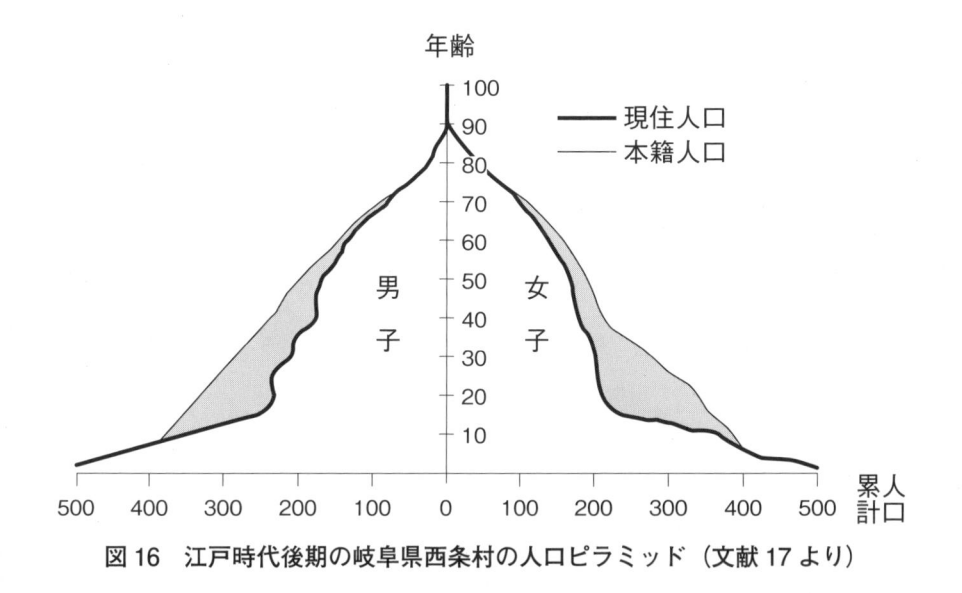

図16 江戸時代後期の岐阜県西条村の人口ピラミッド（文献17より）

には、農村地域が人口の供給源となり、都市が人口のシンクとなっていた様子が明らかになってきている。

その様子は、図17でさらによく分かる。これは1771年から1846年の江戸時代後期の人口の動態を旧藩ごとにまとめたものである。北関東から東北の太平洋側がこの期間に人口が11％以上も減少していた。これは先にも述べたように地球規模の寒冷化による飢饉の影響も大きいであろう。しかし、同様に京都、大阪、奈良といった当時の日本の経済の中心部が同様に11％以上減少している。その周辺地域と江戸を中心とした南関東地域も10％未満の減少であったとされている。これは当時の大都市は人口が集中していたにもかかわらず、まだ近代的な社会基盤が整備されておらず、疫病の蔓延や災害により多数の死者が発生するなど、人口を減少させる要因をはらんでいたのである。一方で、東北地方の日本海側、九州北部は9％未満の微増、東海から北信越は10％以上20％未満の増加、

4. 日本の農村地域はどのように変化してきたか

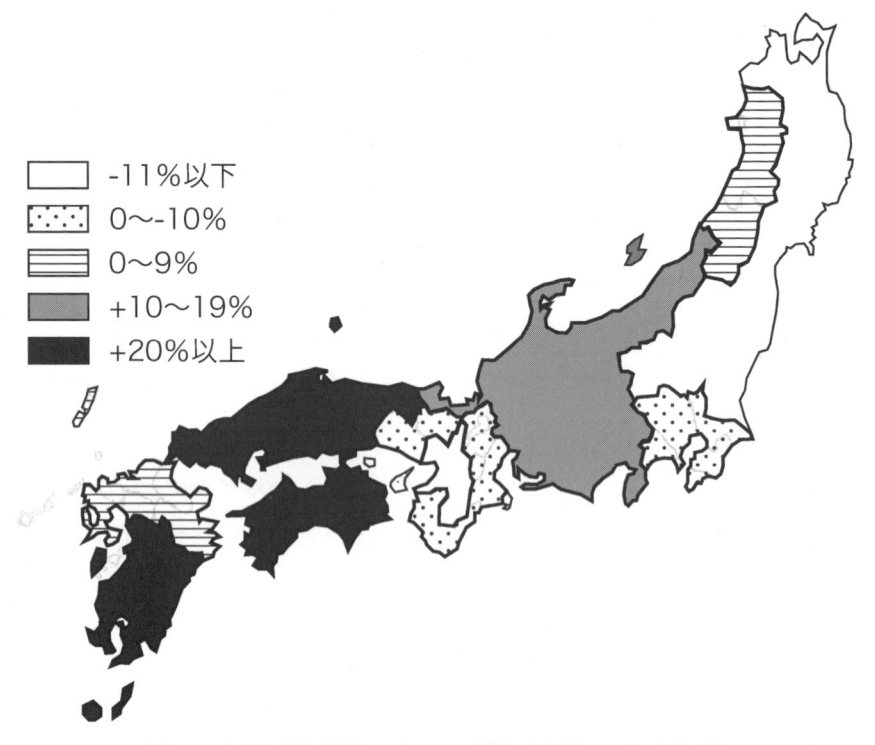

凡例:
- □ -11%以下
- ▫ 0〜-10%
- ▬ 0〜9%
- ▨ +10〜19%
- ■ +20%以上

図17　江戸時代後期の人口の動態（文献17より作成）

　そして、中国地方、四国地方、九州南部は20％以上と大幅に増加していたのである。先に述べたように、日本全国としては、比較的人口が安定していた江戸時代後半であるが、地域によってその動態は大きく異なっていたと推定されている[17]。

人口増加と今の危機集落

　先の表1に示した今後消滅の危機にある集落が多く分布する地域を思い出してみよう。消滅の可能性が高

い集落は中部圏、近畿圏、中国圏、四国圏、九州圏に顕著に分布していた。近畿圏をのぞき、ほぼすべてが先の1771年から1846年に人口が急増していた地域と一致する。近畿圏に関しては、同時期にほとんどの地域が人口を減少させていたが、唯一日本海側の地域のみは人口が増加していた。京都府の丹後地域や兵庫県の但馬地域が該当するが、これらの地域はすべて現在限界集落問題に直面している地域である。すると、現在の限界集落問題の一端には、江戸時代の後期におけるそれぞれの地域における人口増加があったとすることができる。東北地方や北海道においても、限界集落問題は存在するが、表1に見られるようにそれほど大きな比率ではない。また、北日本でそのような問題を抱えている集落は、第二次世界大戦後の引き揚げ者のために切り開かれた集落であることも多い。西日本ではかなりの奥地まで民家が点在するが、北日本ではそのような状況をあまり見かけないという印象を受ける。つまり、西日本では江戸時代後半に人口が増加した結果、可能な限り農地開発を進め、至る所に居住していたということである。それらが近代の急速な人口の流失を経験して、過疎問題、限界集落問題となってきたわけである。このことは裏を返せば、それらの地域はそれだけの人口を支えることができた豊かな農業生産地であったということである。明治維新以降、経済的な価値が相対的に低くなったことにより、これらの地域から人口が流出していくことになった。限界集落問題は、その集落や地域だけの問題ではないのである。

5．景観や土地利用も変化している

江戸時代の土地利用の状況

　現在の限界集落問題をたどると江戸時代にまで遡っていくことが分かったが、私たちを取り囲む社会状況は刻々と変化し続けている。その結果として、私たちの身の回りの景観や土地利用も当然変化していく。よって、人口に限らず、様々な要因がどのように変化してきて、どのように変化しようとしているのか、より長いタイムスケールで見ていく必要がある。撤退の農村計画では、将来に向けては30〜50年の中長期的な視点が重要であるとしているが、私はさらに過去100年の経緯を調べ、今後100年の将来を考えなければならないと考えている[18]。過去に100年というのは、世代を数世代遡るということであり、100年ぐらい経ったものから歴史的な資産としての価値を見いだされている。つまり、世代を超えて100年後に残るものは、どんなものであれ、それなりに認められたものである可能性が高い。もう一方で、100年先を見通すことは、近年の社会の変化の早さを考えると至難の業である。しかし、100年後に残るかどうか、残そうとする覚悟があるかどうかということが私たちに求められる。

　実際にどのように変化しているのか、景観と土地利

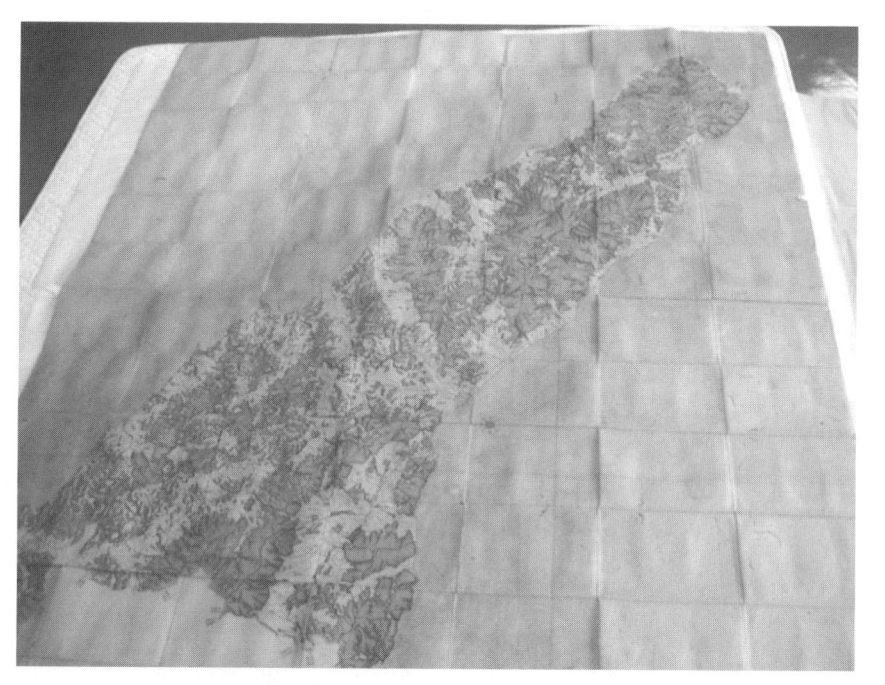

図18　江戸時代末期に岡田以蔵により作成された淡路島北部の分間郡図
　　　（洲本市立淡路文化資料館所蔵）

　用を例に取ってみてみよう。図18は江戸時代末期に岡田以蔵が作成した分間郡図の淡路島北半分である。西洋の測量技術を用いて作られた地図としては、伊能忠敬の大日本沿海輿地全図が有名であるが、同時期に岡田以蔵は徳島藩からの命を受けて、内陸部まで詳細に測量した分間図を作成した。これは近代的な手法で内陸まで測量された日本で初めての地図である。現在の徳島県部分については、平井[19]を始めとして徳島大学によるまとまった研究がなされ、地図はデータとしてアーカイブ化されているが、明治維新後に兵庫県に組み込まれた淡路島部分については、詳細な分間図は散逸してしまい、研究もされていなかった。そこで、私は分間図を統合した分間郡図を用いて、当時の淡路

江戸時代末期の林野　　　　　　　　1980年代の森林

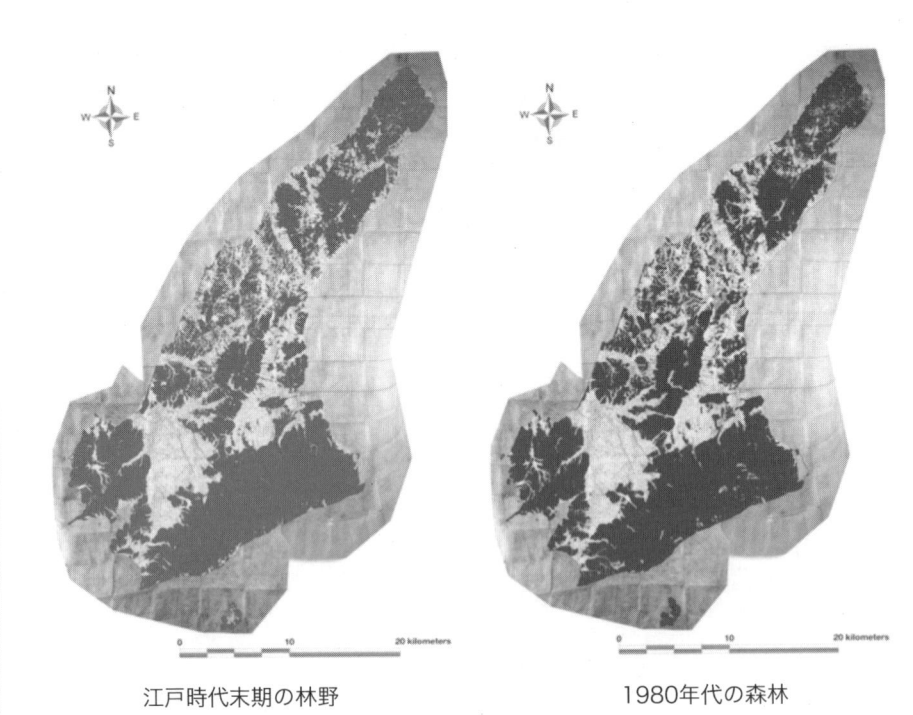

図19　淡路島における江戸時代末期の林野と1980年代の森林の比較

島の土地利用を1980年代と比較した[20]。図19は、左が分間郡図で「山」とされた場所を抜き出したもので、1980年代の現存植生図を元に森林植生と言えるものを抜き出して統合したものである。この両者を比較すると、江戸時代末期の「山」は34,916haで、1980年代の森林は34,729haであった。分間郡図は近代的な手法で測量されたと言っても、投影法などが検討されていたものではないので、精度について検討する余地があるが、それにしても実に0.5％減少したのみであった。土地利用の変化についての研究などは、主に大都市圏において試みられてきたものが多く、森林がドラスティックに減少してきた様子を目の当たりにさせられるが、淡路島は島嶼ということもあって、高度

経済成長期における都市拡大の影響をほとんど受けなかったことがその大きな要因だろう。実は日本各地でこのようにその土地利用の骨格はそれほど変化してこなかった可能性が高い。とは言え、それは変化していないことを意味するのであろうか。この淡路島の例もより詳細に見ていくことによって、変化の様子が見て取れる。図20は淡路島の北部であるが、黒く示された部分が江戸時代末期に「山」で1980年代には森林ではなくなっていた場所である。淡路島北中部では1960年代に国営パイロット事業でみかん園の造成が進められたことが知られているし、東端の大規模に失われている部分は現在では明石海峡大橋の淡路側の袂

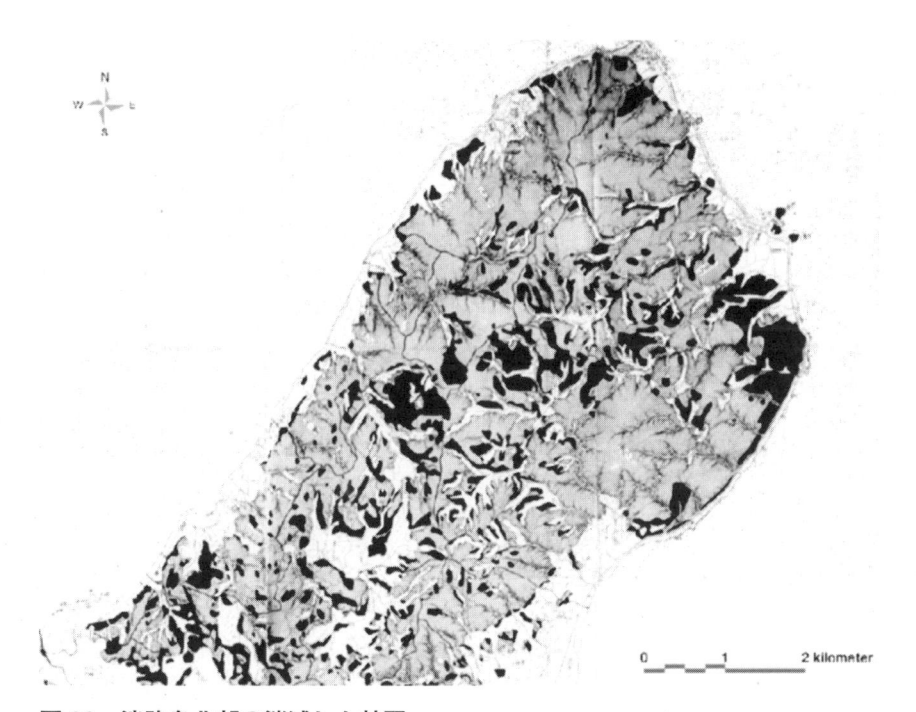

図20 淡路島北部の消滅した林野
　　　黒く示した部分が、江戸時代末期には林野で1980年代には森林以外であった箇所

で、本州四国連絡道路のインターチェンジとハイウェイオアシスが位置している。全面積がほとんど変わっていないので、減った部分があれば、増えた部分もあるはずである。図21は淡路島の南端部で、下の方には沼島（ぬしま）が入っている。この図で黒く示され

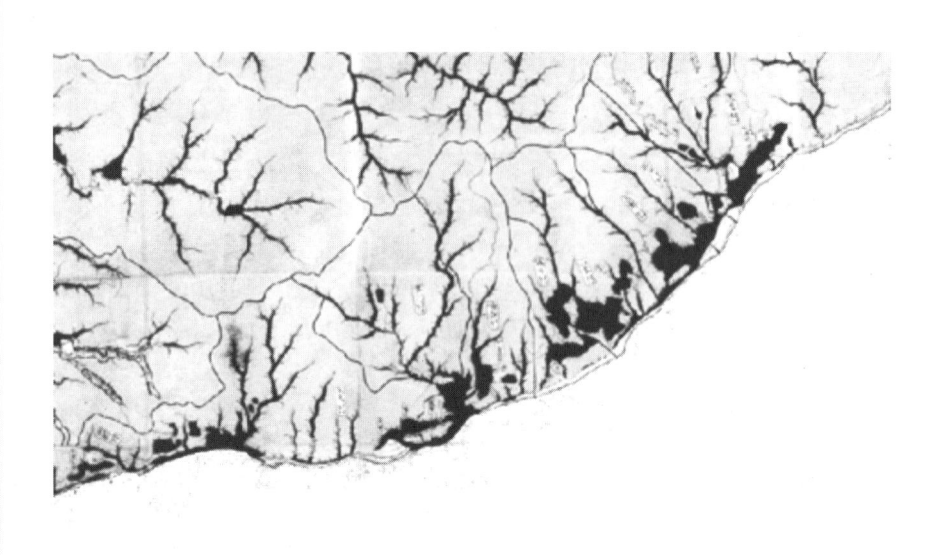

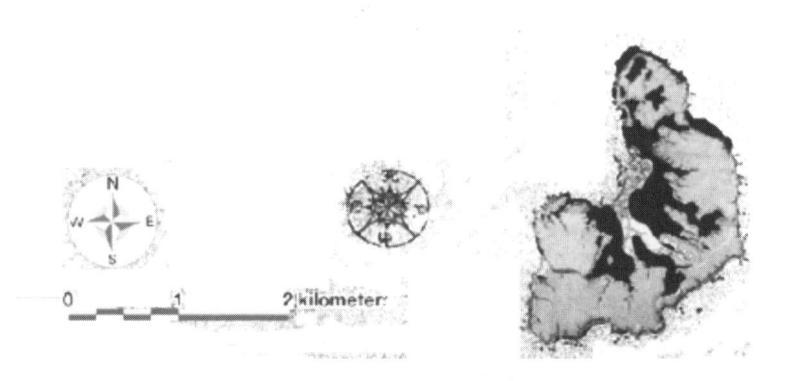

図21　江戸時代末期以降に新たに森林化した箇所
　　　黒で示した箇所が、江戸時代末期には田畑とされていて1980年代には森林であった場所

た場所は、分間郡図では「田畑」とされていた場所が1980年代には森林になっていたところである。海岸部と沼島にも多く見られる。淡路島南部は諭鶴羽山地の南斜面に位置し、傾斜がきつく現在ではわずかな果樹園をのぞきほとんど農地は残っていない。沼島は漁師の島として全国的にも有名になったが、以前は自給のための農地が数多く存在していた。このように既にかなりの面積の農地が森林に戻っている様子も見て取れるのである。

そうすると「山」は変わらなかったのであろうか。日本語の「山」は山林や林の意味を持つ。ただし、この分間郡図の「山」をそのまま森や林と読み替えることはできない。最近の近畿地方を中心とした景観の変遷に関わる研究では[21]、かなりの「山」が今でいう図22のような里山ではなく、はげ山や草山であったこ

図22　栃木県市貝町の良く管理された雑木林

とが分かってきている。近畿地方に限らず、数々の名所図絵や浮世絵などを見れば、はげ山かはげ山に近い状態でマツが点在しているだけのような山をいくつも見いだすことができる。当時は燃料や肥料として、「山」のバイオマスが盛んに利用されていた。それが過度になればはげ山の状態を呈したり、あるいは茅場や牧場としてあえて草山として管理されたりしており、必ずしも森や林でなかったことが分かる。それは、それほど遠い過去のことではない。図23は1953年に米軍により撮影された淡路島南西部の空中写真である。図24はGoogleEarthによって見ることができる現在のほぼ同じ場所の様子である。図23をよく見れば、森林の中に地面が露出した場所が多く見受けられ、あちこちで樹木がなかったことが分かる。図24を見ると、現在では一面森になっている。このことか

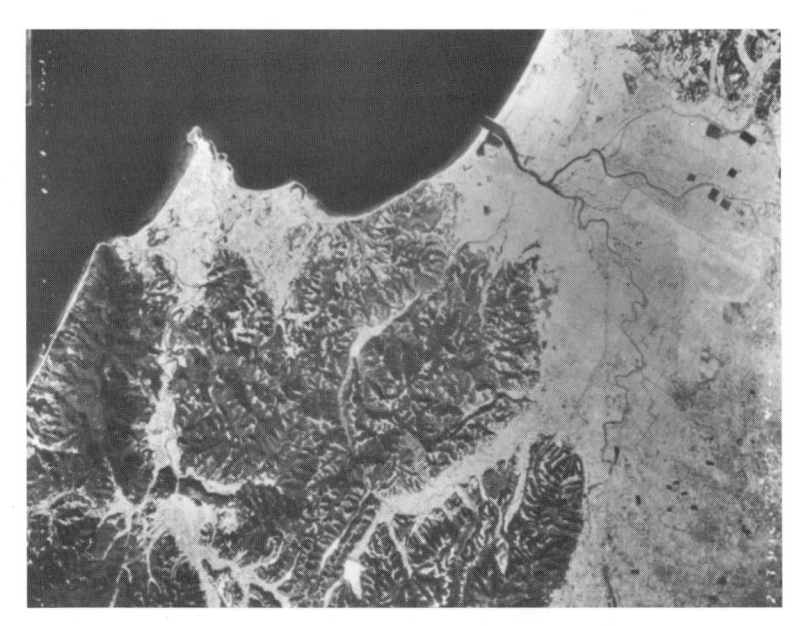

図23 1953年に撮影された淡路島南西部

図24　2007年時点の淡路島南西部（GoogleEarthより）

ら、第二次世界大戦後から現在にかけて森林の様子が大きく変わったことがうかがえる。このように私たちの景観や土地利用はあまり変化がないようなところでも、大きな変化を遂げてきた。そしてこれからも様々な要因により、変化し続けるだろう。景観を巡っては、その評価や保護、保全のあり方について、近年数々の議論や法律の整備が進みつつあるが、イギリスの景観研究の第一人者であるRackham[22]が言うようにその変化を止めることはできない。また、自然環境や景観の議論においては、ややもすると「昔に戻ろう」というような議論が出てくることもある。これは農村地域においても同様で、高齢者が集まって「昔は良かった」という話になりがちである。しかし、私たちは時計の針を戻すこともできない。最も悲観的な人口予測では、2100年には人口が5千万人を割り込むとされて

いるが、この5千万人と江戸時代末期の3,300万人はその年齢構成が全く異なる。また先に当時は食糧自給率が100％であったと書いたが、当時の一般的な国民が摂取していたカロリーと現在の私たちが1日あたりに摂取するカロリーは大きく異なる。江戸時代末期にはエネルギーも100％自給していたわけであるが、これも現在の消費量から比べるべくもない。1960年時点での一人あたりのエネルギー消費量は年間石油換算で千キロであった。それが2000年には4千キロを超えており、この40年間だけでも実に4倍にふくれあがっているのである。国全体の人口が減少しつつある中で、2009年7月に神奈川県は人口が900万人を突破したとの報道があった。中山間地域における限界集落化がますます深刻化する中で、大都市圏では人口が増加し続けているのである。このことは、さらに人口の偏在が強まっていることを意味している。

6．どう攻めに転ずるのか—「積極的撤退」

　はじめに走為上（にぐるをじょうとなす）という言葉を挙げ、勝ち目がないときは逃げに徹して力を温存するべきであると述べた。次に備えるための撤退である「積極的撤退」について説明していきたい。日本の人口が減少していく中で、日本の農村地域のすべての集落あるいは地域を活性化し、現状を維持し続けようということは非現実的である。また、すべての集落が何が何でも活性化への努力をし続けなければならないわけでもない。しかし、そのことは個々の集落の活性化への努力を否定するものでもない。流域居住圏という圏域を単位とし、その圏域の抵抗力を強め、持続可能性を高めるために戦略的な将来像を描き、個々の集落については適切な診断と治療を行っていく。それらを踏まえ、打って出る方策としてビジネスと環境、そして地域コミュニティを両立させる社会イノベーションを農村地域から起こしていこう。これが私の考える撤退の農村計画である（図25）。
　流域居住圏の説明に入る前に、先に挙げた総務省の定住自立圏、九州圏の広域地方計画に掲げられた三層の自立圏、そして国土形成計画においてたびたび取り上げられている流域圏についてより詳しく見ていこう。

```
            農
            村
            イ
            ノ
            ベ
         産業の強化と    ー
         新産業の創出    シ
                    ョ
         個益と公益の両立 ン

       集落支援員と集落診断士   積
       集落についての適切な診断と治療  極
                       的
                       撤
     流域居住圏における選択と集中    退
     圏域の持続可能性を高める
```

図25　撤退の農村計画の構成

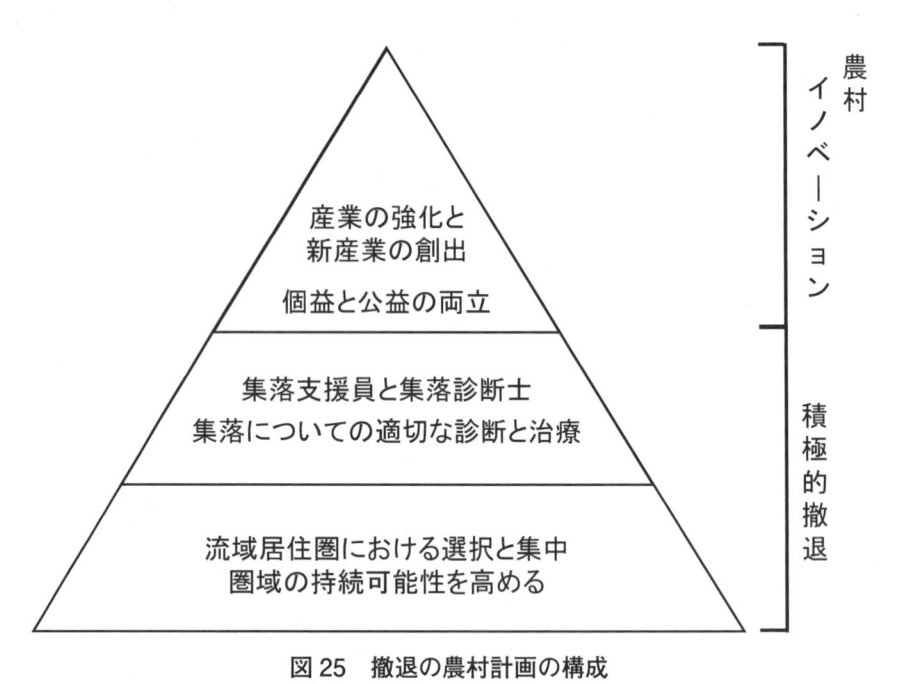

定住自立圏とは

　定住自立圏は、2008年1月に総務省において定住自立圏構想研究会が設置され、そのあり方が議論されてきた。国土形成計画が閣議決定されたのが2008年7月であるので、国土形成計画の策定と並行して議論を進められていたことになる。定住自立圏のイメージを図26に示した。人口5万人以上の地方都市が核となり、圏域を形成する。この核となる市を中心市と呼ぶ。この中心市と周辺の市町村が協定を結ぶことにより定住自立圏を形成する。人口の減少に伴いすべての市町村にフルセットの生活機能が整備できなくなってきているため、中心市に圏域全体に必要な都市機能を

定住自立圏のイメージ

定住自立圏

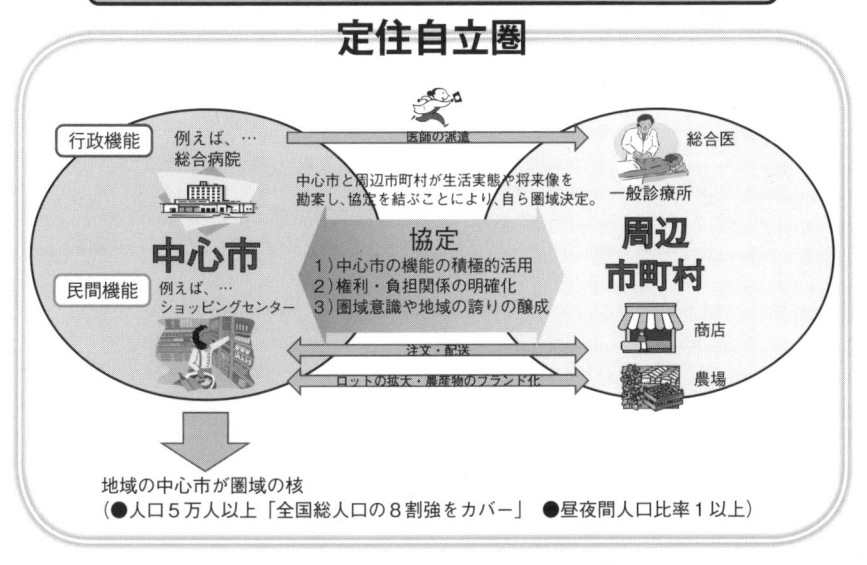

行政機能　例えば、…総合病院

民間機能　例えば、…ショッピングセンター

中心市

医師の派遣

中心市と周辺市町村が生活実態や将来像を勘案し、協定を結ぶことにより、自ら圏域決定。

協定
1) 中心市の機能の積極的活用
2) 権利・負担関係の明確化
3) 圏域意識や地域の誇りの醸成

周辺市町村

総合医
一般診療所
商店
農場

注文・配送
ロットの拡大・農産物のブランド化

地域の中心市が圏域の核
(●人口5万人以上「全国総人口の8割強をカバー」　●昼夜間人口比率1以上)

図26　定住自立圏のイメージ（総務省ホームページより）

集約的に整備し、周辺地域と連携・交流するという考え方である。この定住自立圏を地方政策展開のプラットフォームと位置づけている。2009年11月2日現在、日本全国で36の市が中心市として宣言しており、34の圏域が形成されている。

三層の自立圏とは

　次に、2009年8月に国土交通大臣により決定された九州圏の広域地方計画における三層の自立圏である（図27）。先に述べたように国土形成計画においては、今後の国土を形成するための明確な圏域の構想は示さ

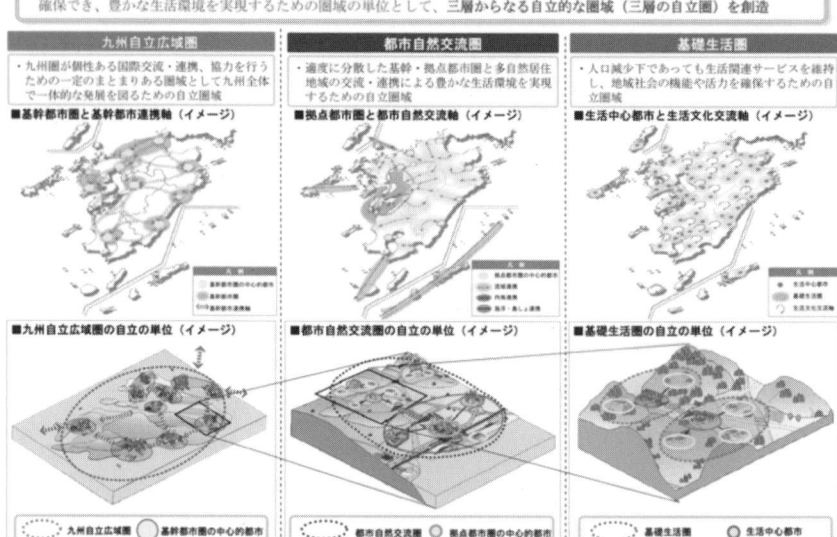

図27　九州圏の広域地方計画における三層の自立圏（文献より 7)

れなかった。それに対し、全国の広域地方計画の中で、九州圏が最もはっきりとした形で圏域の構想を示している。定住自立圏は階層性を有していないが、九州圏の自立圏は三つの層からなっている。九州自立広域圏、都市自然交流圏、基礎生活圏である（図27)[7]。九州自立広域圏は、九州全体を圏域と捉え、基幹となる県庁所在地を中心とした大都市をネットワーク化するという考え方である。中間の都市自然交流圏が定住自立圏に相当するスケールと規模であろう。都市自然交流圏では、中心的都市を核に都市自然交流圏を形成するとある。この際に、中心的都市周囲に位置する地域を多自然居住地域と呼んでいる。定住自立圏と異なり、この都市自然交流圏においては、中心的都市の規模などは明確に示されていないし、協定などの具体

なシステムも提案されていない。最後の基礎生活圏は、人口減少下であっても支援機能や地域の活力を維持し、暮らしやすい生活環境の形成を図る圏域としている。中山間地域の小都市や市街地を中心とし、周囲の農山漁村の集落との連携を想定していると考えられる。明確な規模が記載されていないので定かではないが、定住自立圏の人口規模よりはより小さい圏域であると考えられる。

流域圏を基本とした居住圏の提案

　2008年に閣議決定された国土形成計画（全国計画）では、コンパクトシティが新しい概念として明確に示された以外は、中山間地域を中心とした生活圏のあり方については、はっきりとした方向性が示されなかった。その一方で、自然環境の単位となる流域圏については、頻繁に言及されており、国土管理の基本的な単位であると明示されている。流域や集水域については、これまでもたびたび学術的にも議論されてきており、物質循環の単位としてだけではなく、近年は水資源を中心とした恩恵を受ける下流域の住民や企業が、上流域の環境保全に関わるべきであるという上下流連携の必要性も指摘されており、国土管理の単位としてふさわしく、それが明確に位置づけられた。しかし、この国土形成計画においては、この流域圏と生活に関わる圏域の連携あるいは統合は試みられなかった。また、先に挙げた定住自立圏、三層の自立圏においては自然環境の単位である流域については全く言及されて

いない。

そこで、私は流域を基本とした生活圏を「流域居住圏」として提案したい。「自立」という言葉を定住自立圏や三層の自立圏のように使わないのは、圏域自体が自立する必要はなく、様々な形で隣接する圏域やより下流の大都市圏と連携することが必要であり、自立することが目的ではないからである。

流域居住圏とは

流域居住圏は以下のような圏域である。

・50年後の人口が10万人程度の人口規模
・流域及び集水域の単位により形成
・地域間の歴史的なつながりを配慮

人口規模についての考え方は、定住自立圏に近いものである。しかし、現在の人口に基づくのではなく、50年程度の中長期的な将来人口を基盤とする。現在の人口を前提とするとその圏域自体が人口の減少によって急激になり立たなくなる可能性があるからである。流域を単位とするが、基本的には集水域ごとに分割して圏域を形成することになる。逆に、集水域における将来予測人口が10万人に満たない地域は、隣接する地域を場合によっては流域を越えて統合することになる。具体的な方法は後のケーススタディで説明するが、その地域の統合の際にはこれまでの歴史的な地域の関係性に配慮する。例えば、旧藩の境界なども参

考になるだろう。

　この流域居住圏の中における人と資金の再配置、選択と集中が「積極的撤退」である。流域居住圏の単位で、自然環境を保全しながら資源を有効活用する循環型システムを構築し、農林水産業の維持と強化を進め、さらには新たな産業を生み出すことが撤退の農村計画である。

加えて、地域に根付いた伝統文化や文化的な景観を維持しながら、地域住民の生活の質（QOL）も確保しようとするものである。

　この流域居住圏においては、さらに4つのゾーニングを行う。それぞれ、一次自然保全・再生地域、二次自然保全地域、農業生産重点地域、都市域である。この都市域が定住自立圏でいう中心都市に相当するであろう。ゾーニングのイメージを図28に示した。

　それぞれのゾーンについては具体的に以下の通りである。

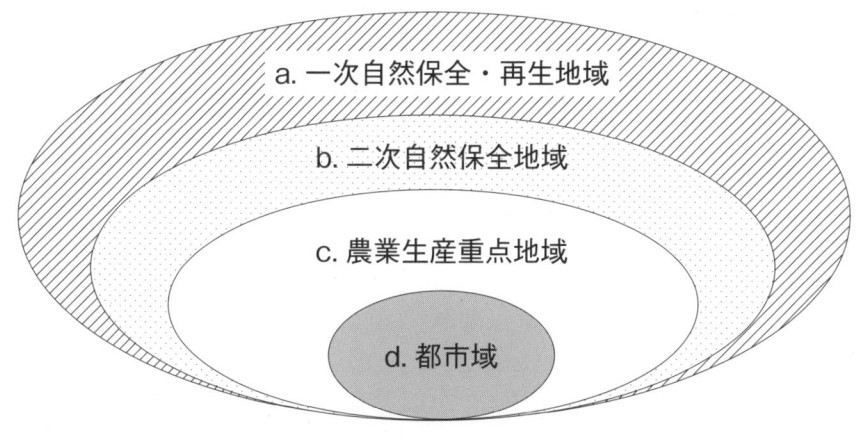

図28　流域居住圏のゾーニングイメージ図（文献13より作成）

a. 一次自然保全・再生地域
b. 二次自然保全地域
c. 農業生産重点地域
d. 都市域

・一次自然保全・再生地域

　既存の一次自然（原生的自然）が残されている奥山的環境や、それに準じる場所で、限界集落化していたり、農林業を継続していくことが困難であるような地域を指す。このような場所では、一次自然の保全だけでなく、維持が困難な農林地を積極的に一次自然に戻していく視点も盛りこんだ管理シナリオを想定している。

・二次自然保全地域

　里山などの二次自然を保全していく地域を指す。農村のうち、農業の維持が困難な営農上の条件不利地や、農地の集約などによって生産性を高めることが難しい地域が該当する。このようなところでは、生産性を高めるよりも自然環境の保全に貢献しながら行える高付加価値化（例えば、減農薬や減化学肥料による農業）や、放牧などによる粗放的な管理を想定しており、様々な形で人為を加えながら、自然環境保全や伝統文化の維持を目指す地域である。都市住民などの多様な主体による管理等を通した都市農村交流の場としても想定している。また農業生産重点地域への獣害防止のために、一次自然保全・再生地域との間のバッファゾーンとしての機能も有している。

・農業生産重点地域

　農地の集約化などにより農業生産性を向上させて、農業を維持していく地域を指す。圏域内の食料生産基地の機能を担う地域である。ここでは、

農業の担い手確保や、法人の参入、農産物の安全性確保、高付加価値型農業への転換などが課題となる。また、農業に伴う環境負荷への配慮も重要である。

・都市域

通常の都市域を指す。都市地域は、圏域内の農林産物の消費地である。一方、都市住民は、NPOやボランティアなど、一次自然保全・再生地域や二次自然保全地域の管理を担う主体としての役割も期待される。

岩手県でのケーススタディ

岩手県を対象として、流域居住圏形成のケーススタディを行った[13, 23)]。まず、流域を50km^2、100km^2、200km^2、500km^{2}を閾値として集水域の単位に分割した（図29a）。これらの集水域の区分と国立社会保障・人口問題研究所による2030年時点の人口予測値を重ねた（図29b）。50年程度の中長期の人口予測と先に述べたが、現時点で信頼の置ける人口予測が2030年までのものであったので、このケーススタディでは2030年の予測を採用している。ここから10万人以上を有する集水域をまず流域居住圏として抽出し、10万人に満たないものについては、隣接する流域を統合して、10万人規模に達する圏域を設定した（図29b）。その結果として、9つの流域居住圏が形成された（図

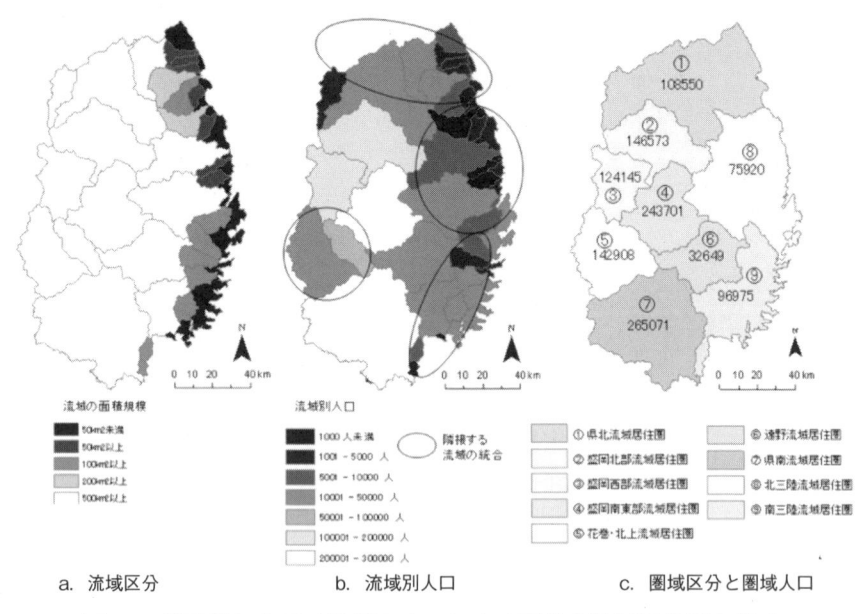

a. 流域区分　　　　　　　b. 流域別人口　　　　　　c. 圏域区分と圏域人口

図 29　岩手県における流域と人口による区分と流域居住圏の設定
（文献 13 より作成）

29c)。

　形成された流域居住圏と現在の市町村界は、一致する部分が比較的多かったが、北上川流域に属する②〜⑦の流域居住圏では一致しないところがいくつか見られた（図30）。これは、北上川沿いの平地部では市町村界が必ずしも流域によって分けられているわけではないことを反映したものである。大河川である北上川流域においては、人口10万人規模の流域の形成は比較的容易であったが、県北部や三陸地域では小河川が平行して太平洋に注いでおり、人口密度も低いことから流域全体でも人口規模を満たさなかった。よって隣接する地域と統合することによって流域居住圏を形成したが、その際には現在の岩手県における広域生活圏を参考にした。

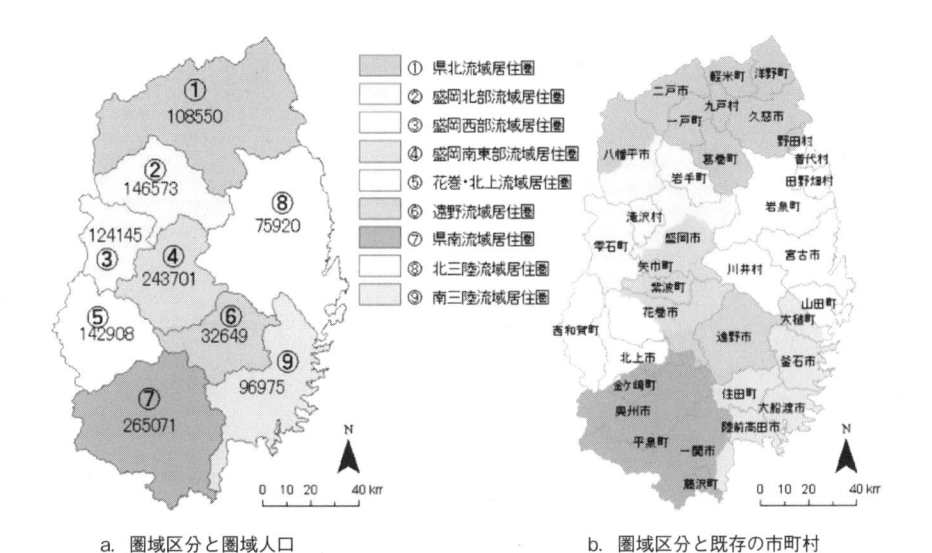

a. 圏域区分と圏域人口　　　　　　　　　b. 圏域区分と既存の市町村

図30　岩手県の流域居住圏と既存の市町村（文献13より作成）

　　この9つの流域居住圏のうち、盛岡北部流域居住圏を取り出し、先の4つのゾーニングを試みた。このゾーニングの手法には、今後多くの検討を要するが、昨年度のケーススタディでは[13]、定性的にゾーニングを試みた。現時点の土地利用図に加え、2030年時点での65歳以上の比率が50％を超えている地域（限界集落）と55歳以上の比率が50％以上の地域（準限界集落）の分布予測図、2030年時点の農家高齢化率分布予測図、傾斜から判別した条件不利農地の分布図を用いた。2030年の農家高齢化率は農業センサスのデータを元に算出した。また標高データ（DEM）から傾斜を求め、土地利用データから抽出した水田とその他農地のデータと重ね合わせを行った。その結果から、水田と畑のそれぞれの条件不利地の基準である傾斜1/20以上と8度以上のものを条件不利農地とした。これら5つの条件より作成したゾーニングの結果が図

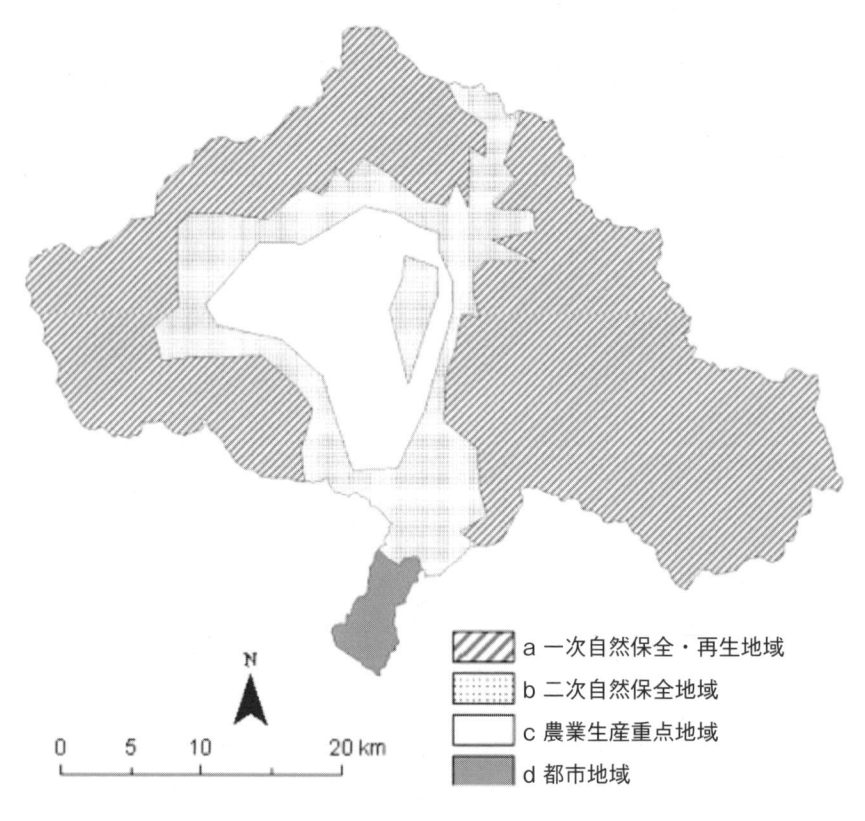

図31　盛岡北部流域居住圏のゾーニング例（文献13より作成）

凡例:
- a 一次自然保全・再生地域
- b 二次自然保全地域
- c 農業生産重点地域
- d 都市地域

31である。

　圏域南端部だけに都市地域が分布し、中央部の比較的平坦地は農業生産重点地域となった。それを取り囲むように二次自然保全地域がゾーニングされ、それ以外の地域が一次自然保全・再生地域となった。農業生産重点地域内には地形的な要因で島状に二次自然保全地域が分布している。本来であれば、再現性を確保するために定量的なゾーニング手法を確立する必要があるが、今回は試行的な試みとして二次自然保全地域の連続性などにも考慮し、定性的なゾーニングとした。

流域居住圏に基づく地域の戦略的将来像は撤退の農村計画の空間計画である。流域居住圏に基づく空間計画は、現在の市町村のスケールよりさらに大きく、場合によっては都道府県の範囲を超えることもあり得る。流域居住圏は、政権交代以前に民主党が主張していた「日本全国を300自治体に」という行政合併のスケールに近いと言えるだろう。戦略的な将来像として、50年後の目標を掲げ、その50年間持続可能である圏域を形成するために短期的な10年間の戦略を立てる。先のケーススタディでは資源の保全と利用という意味でのゾーニングを行ったが、加えて医療福祉、教育、交通など様々な条件の検討が必要である。より具体的な内容については、先行して事例が蓄積されつつある定住自立圏の取り組みを検証することにより明らかにすることができるだろう。

流域居住圏の条件

　この流域居住圏において、どのような国土管理が必要であろうか。一次自然保全・再生地域と二次自然保全地域においては、人手と資金が必要である。土地の管理は所有者や利用者（あるいは管理者）による管理が大前提であるが、現時点で既に植林地や農地の放棄が問題となっているので、それ以外の多様な主体の参画による管理が必要不可欠である。まさに国土の国民的経営の舞台がこのような地域である。流域居住圏においては、基本的に圏域が流域・あるいは集水域の単位で構成されているため、圏域内での上流と下流の連

携、さらには圏域間での上流と下流の連携により、この二つの地域の国土管理を行うことになる。下流の住民が労働力を提供するような直接的な支援もあれば、農作物を購入する、国土管理に関わるNPOのような団体に寄付をするといったような間接的な支援もあり得る。水源税や森林税も大きな意味では間接的な上下流連携である。同じ流域居住圏に属している地域住民は、流域が提供する生態系サービスを共有しており、いわば運命共同体である。「国土」というスケールになると住民自らが関与しなければならない必要性が認識されにくいが、流域居住圏における管理が地域住民のインセンティブを高め、ひいては日本全体の国土経営につながるのである。

流域居住圏をすすめるには

　流域居住圏の国土管理を多様な主体により進めるためには、大きく2つの課題がある。一つは、多様な主体がどのような場において協議し、実行において連携を図るのか、もう一つは、流域の管理のあり方を決定する権限を多様な主体の集まりにどれだけ委譲できるのかである。後者については、現在の河川管理のあり方に大きな変更を求めるものであるが、国民が主体となる国土の管理、流域の管理を国が標榜するのであれば、避けて通ることができない。災害が起こった場合の責任も含め、今後議論が必要になってくる。ここでは前者の多様な主体の協議と連携の場について提案したい。通常このような場合には「協議会」なるものが

設置され、そこで意見の集約と議論がなされることになる。例えば、全く異なる例であるが、近年制定された景観法が定めるところの景観協議会がそれに該当する。流域居住圏においても、公の調整の場としては、このような協議会が必要になるだろう。しかし、現実的にその協議会に一般の住民が積極的に参加するかというとそうも言いきれない。また、流域居住圏は圏域ごとの連携も想定しているが、より下流域の大都市の住民は直接上流の圏域における議論に参加できないことになる。よって、私は地域情報化技術を活かしたプラットフォームを形成することを提案する。地域情報化は、情報メディアを活かした地域開発の総称であるが、地域活性化の一つの手段として近年議論されることが多く[24]、地域SNS（地域を限定したソーシャル・ネットワーキング・サービス）が盛んに活用されている。いつでもどこからでも議論に参加することができ、多様な主体の形成やその連携において大きな役割を果たしている。流域居住圏における国土管理では、さらに「どこで」という情報が重要になってくるため、この地域SNSに地理情報を加味したWebGISの機能が求められる。WebGISは既に様々な分野で活用され始めており、多くの実績がある。私はWebGISをプラットフォームとした地域住民による地域環境モニタリングの試みを行っている（図32)[25]。地域SNSとWebGISの機能を併せ持ったプラットフォームが形成されることによって、インフォーマルなものであるが多様な主体が意見を交換し、国土管理への積極的な関わりを促すきっかけとなるであろう。

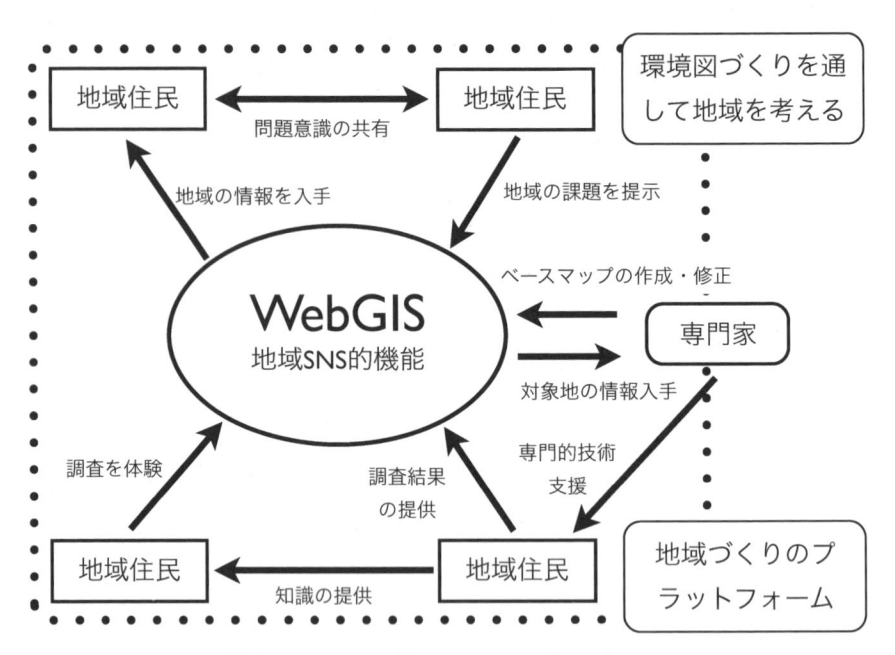

図 32　地域住民による環境モニタリングのプラットフォーム

解決できない問題

　ここまで流域居住圏について述べてきたが、そのような圏域の設定が必ずしも容易ではない地域が日本各地に存在する。
　図 33 は 2008 年度にケーススタディを行ったもう一つの例で、石川県の 2050 年までの限界地域の分布予測である[13]。農業センサスの対象となっている地域だけの人口予測であるが、能登半島に着目すると 2025 年までにはほぼすべての地域が高齢化率 50％を超えることになる。人口については図に示していないが、現時点で能登半島全体では 40 万人弱の人口があるが、奥能登と言われる輪島市、珠洲市、穴水町、能登町の

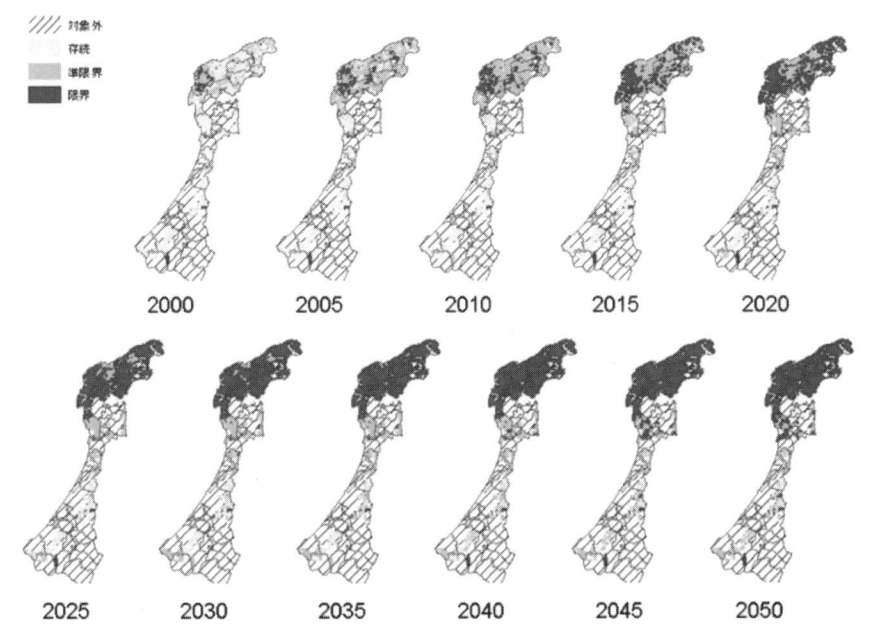

図33　石川県の限界地域と準限界地域の分布予測（文献13より）

　人口の合計は7万6千人あまりで、すべて合わせても人口10万人を現時点でも満たしていない。
　一方で、半島であるので小河川が多く、流域や集水域を単位とした圏域は極めて小さくなる。他の半島や島嶼部でも同様の問題が見られるだろう。このような地域においては、圏域における自立は不可能であるし、周辺地域との連携も地形的な制限を大きく受けるだろう。これらの地域は、過疎法の適用を受けている地域であるが、国土レベルでの選択と集中を考える必要があるだろう。流域の単位で居住と人為的な関わりを撤退すれば、防災上も問題がないという議論もあるが、適用できる地域は限られるだろう。
　日本の場合は海岸線が事実上の国境となっていることも踏まえると国防的な視点も重要になる。国土形成

計画で国土の国民的経営が一つのあり方として示されたわけであるが、国が直接関わる必要がある国土管理は明確にされなければならない。

7．集落の診断と治療

集落支援のポイント

　さて、集落はどのような戦略を採ればよいのだろうか。厳しい状況の中で集落は難しい選択を迫られる。個々の集落をどのように支援するのかは、撤退の農村計画において重要なポイントである。これまでは都道府県の農業改良普及員や市町村の職員が様々な形で集落のソフト面の支援を行ってきた。しかし、行政の財政状況の悪化に伴う人員の削減や行政合併を経て、実質的な集落に対するサポート体制が消滅してきていることが認識されていた。そのような中で2008年度から集落を支援する新しい仕組みとして集落支援員制度がスタートした。

　集落支援員は、当該地域を担当する市町村職員などと協力し、集落への「目配り」として、集落の定期的な巡回、生活状況、農地・森林の状況等の把握を行うとされている。さらに、きめ細かな「集落点検」を行い、集落の現状の把握を行うことや集落のあり方の話し合いへの参加、集落の維持活性化に向けた取り組みについて、市町村と協働して取り組むとある[26]。支援員を雇用した市町村に地方交付税（特別交付税）措置がなされるというものである。実際にどのように集落支援員を採用するかやその条件などは、主体となる自

治体の裁量に任されている。よって、専任の支援員も存在すれば、非常勤の支援員も多い。2008年度には、日本全国で約200名の専任の集落支援員が誕生したという。

参考になる地域復興支援員

　集落支援員制度はまだ始まったばかりで、今後どのような成果を上げていくか検証をしていかなければならないが、集落支援員制度の一つのモデルともなっている新潟県中越大震災復興基金による地域復興支援員の取り組みが参考になる。

　地域復興支援員は、中越大震災後の復興活動を継続的に支援するために地域復興支援員制度支援事業として2007年からスタートし、2009年11月の時点で51名の支援員が長岡市を始めとした震災の影響を受けた5市1町で活躍している[27]。市町ごとに首長が認める団体がこの事業を実施するが、それぞれの団体に「地域復興支援センター」が設置され、それぞれの集落支援員を派遣するとともにサポートしている。

　約2年が経過し、確実に地域の復興活動に広がりが見られているという。しかし、その活動を地域の持続性にどうつなげるのかは大きな課題だとされている[27]。

　中越大震災の復興活動に中心的に関わってきた稲垣は、集落の状態に応じた段階的な支援の必要性を指摘し、その段階に応じ足し算の支援と掛け算の支援として整理している[28]。

集落が前向きに物事に取り組めない状況を「地域がマイナス」と表現し、その状態で新たに打って出るようなグリーンツーリズムや農産品のブランド化などの掛け算の支援をしようとしても、よりマイナスが大きくなってしまうという。地域がマイナスの状況では、足し算の支援が必要でまず状態をプラスに持っていかなければならない。足し算の支援とは、既成の価値観で見えづらくなっている自己の本質を問い直すお手伝いで、これを「よりそう」というと稲垣は説明している[28]。また、稲垣は個々の地域と集落支援員をサポートするための中間支援組織の重要性を強調している[29]。2008年度から全国的に始まった集落支援員制度においても、このような中間支援組織が重要であろう。

撤退の方式

　集落の現状維持が長期的にはどこでも可能であるわけではないことを考えると、集落の撤退の仕方を真剣に考える必要がある。個別に人口が流出して結果的に無人になる場合を除けば、思い切って集落ごと移転する集落移転と、最後まで集落に住み続けたいという意思を尊重した段階的な村おさめの二つに分かれるであろう。
　集落移転は昔から数多くの例があり、その効果についても賛否両論であるが、現在も過疎地域集落再編整備事業という制度が存在し、過疎市町村が事業主体となり、限界的な集落が移転をする場合に2分の1まで

の補助を受けることができる。

集落の意見を集約することができ、移転費用を負担できれば大いに選択肢に入るだろう。

しかし、現実的には限界状態にある集落の高齢化率は非常に高く、金銭的な負担をして移転するという余力がないことも多いし、そもそも慣れ親しんだ土地に対する愛着が強く、地域を離れたくないということもある。

このような場合には集落移転というよりは、村おさめと言われてきたようないわばターミナルケアが必要となるだろう。このような難しい判断や助言をするためには、集落支援員制度では十分でない。

つまり、「よりそう」役割と、より重い決断への助言をする役割を同時に兼ねることは極めて困難である。

共同研究会「撤退の農村計画」では集落診断士という専門家が必要になると提言している。

集落診断士については、発案者である山崎亮氏が関わってまとめた財団法人ひょうご震災記念 21 世紀研究機構の報告書[30]に具体的に提案されている（図34）。

集落支援員に相当する集落に入る専門家を集落サポーターと呼んでいる。集落診断士は、個々の集落の集落サポーターと連携しながら、複数の集落を担当し、より高度な集落支援を行っていく。集落の状況を様々な情報に基づき診断し、治療策を提示するとしている。その集落診断士や集落サポーターを統轄する組織として集落支援機構を提案しており、これは中越における地域復興支援センターと同様の組織である。個々の集落を支援し、全体としては市町村、あるいは私の提案する流域居住圏における戦略的な将来像を描

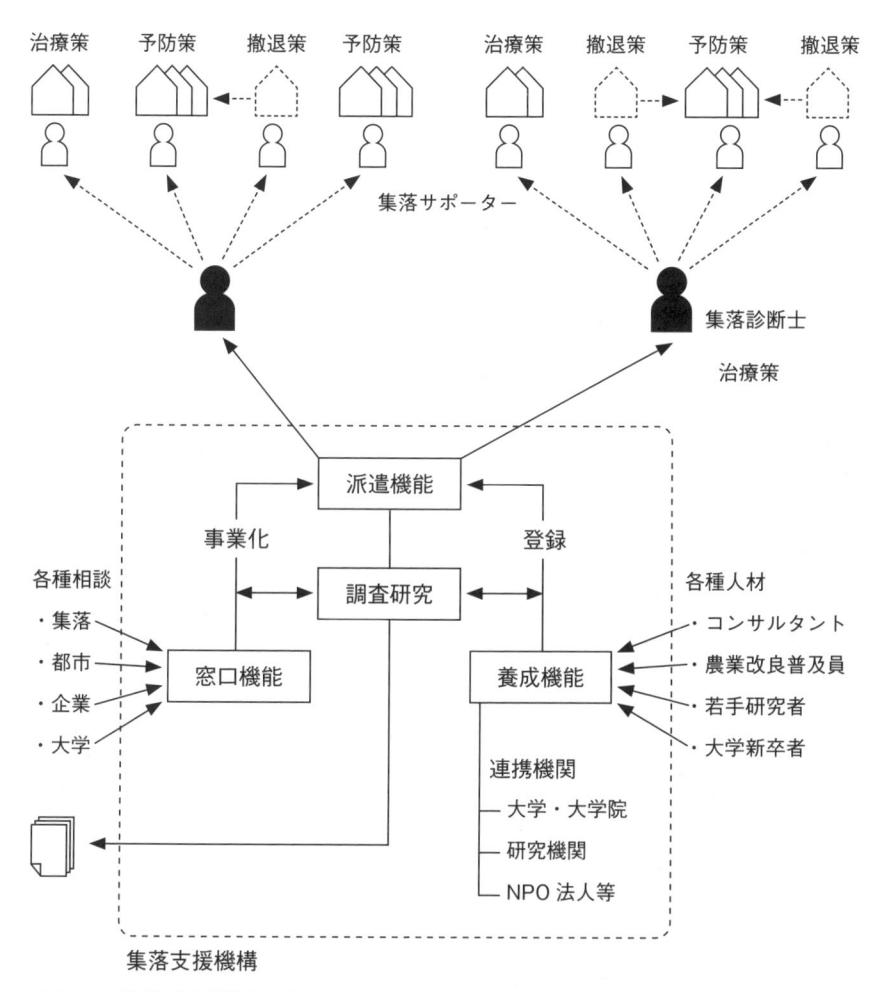

図34 集落支援機構、集落診断士と集落サポーターの関係（文献30より）

くためには、集落支援員、集落診断士、そしてその支援団体となる中間支援組織の形成が必要不可欠である。

8. 農村イノベーション

社会イノベーションと農村イノベーション

　農村地域が現状維持という守りの姿勢ではなく、攻めに転ずる試みは日本各地に数々誕生している。葉っぱビジネスで有名になった徳島県上勝町やコウノトリの野生復帰をきっかけに地域再生を試みる兵庫県豊岡市、離島であることを逆手に取った様々な取り組みを展開中の島根県海士町などは全国的に知名度が高い。これらの先行的な成功例も含め、農村地域が打って出るためのキーワードは「社会イノベーション」であると私は考えている。

　社会イノベーション（social innovation）は「社会変革」とも訳され、まさに社会を変えることを意味する。2009年1月にアメリカ大統領に就任したバラク・オバマ氏が選挙期間中に「チェンジ」というキーワードを盛んに使ったが、まさに社会をチェンジすることが社会イノベーションである。近年は社会イノベーションやソーシャルアントレプレナーシップ（社会企業）の分野の発展はめざましいものがあり、関係する数多くの図書が日本語でも出版されている[31]。

　イノベーションとしては、技術のイノベーションの必要性がこれまで議論されてきた。自動車やコンピュータの発明の例を挙げるまでもなく、技術のイノ

●農村イノベーション——発展に向けた撤退の農村計画というアプローチ

ベーションは私たちの生活を大きく変化させ、より快適な社会を実現してきた。

　しかし一方で、現代社会は、地球温暖化を始めとした環境問題や世界の人口が増加し続けることによる貧困や飢餓などの社会問題まで、数多くの問題に苦しめられている。それらの一部は電気自動車の普及や病虫害に強い作物の開発などの技術イノベーションによって解決できるが、より根源的な解決のためには社会の変革、つまり社会イノベーションが必要であると言われるようになってきた[31]。社会イノベーションであるとして紹介される事例は国外に多いが、最近は国内の事例も紹介されるようになってきている[32]。
社会イノベーションが知られるようになると、その核となるような人材である社会イノベータを育成しようという試みも行われている。

　これまでは主に欧米が中心であったが、国内でも専門の養成コースが設置されるようになってきた。慶應義塾大学大学院政策・メディア研究科では、2009年4月に修士課程において高度な職業人を育成するプロフェッショナルコースの一つとして社会イノベータコースを設置した[33]。私もこのコースの教育に携わっているが、ここでは「事業センスと公益センスを兼ね備え、持続性のある、かつ生産性の高い社会を実現する人材」を育成することを目的としている。さらに、社会イノベータを個人や特定の組織の利益である「個益」と社会全体の利益である「公益」のバランスを取りながら、持続的で生産性の高い社会を実現する人であると定義している（図35）。2009年度には15名の1期生が集まり、うち4名が社会人で、仕事を続けながら教育を受けている。

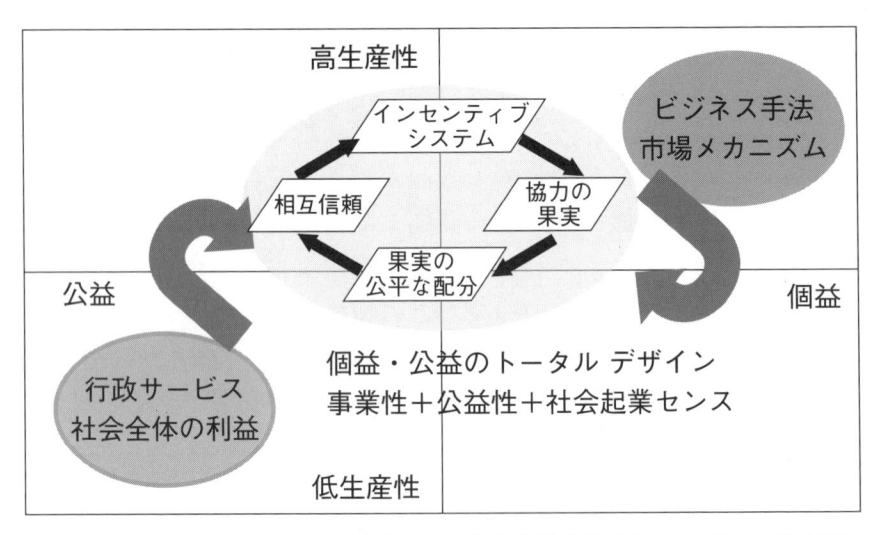

図35 個益・公益のトータルデザイン（慶應義塾大学政策・メディア研究科社会イノベータコースパンフレットより）

　これまで見てきたように農村地域を取り巻く状況も他の社会問題と同様に複雑で、一筋縄には解決できない。さらに、農村地域においては農業や林業といった一次産業が営まれてきたわけであるが、これらは従事者に利益をもたらしてきただけでなく、地域の環境維持に大きな役割を果たしてきた。農林水産省ではこれを多面的機能と言っているが、生態系サービスと言い換えても良いだろう。近年は、産業としての農業や林業よりも多面的機能つまり公益的な機能の方が強調されることも多い。農村地域においては既にNPO法人を始めとした多様な主体が活動し始めているが、公益性ばかりが重視されると、個人や組織自体が持続できなくなってしまう可能性も高く、実際にそのような例も出てきている。
　よって、農村地域においても、公益をもたらす協働を成立させつつ、協働による果実を公平に配分する仕

組みをつくって個益につなげる必要がある。農村地域が積極的撤退により資源の選択と集中を実行し、新たな産業の立ち上げなどにより地域の持続可能性を高めることを「農村イノベーション」と呼びたい。

コウノトリの野生復帰事業

　農村イノベーションの例として、豊岡市におけるコウノトリの野生復帰事業を紹介しよう。

　コウノトリが種として天然記念物指定されたのは1953年であるが、出石にあった繁殖地が指定されたのは1921年に遡る。1956年には特別天然記念物に変更される。この時点で確認された個体数は既に23羽という状態であった。

　1963年には文部省が人工飼育と人工孵化の方針を示し、兵庫県教育委員会も同様の方針を示した。1965年には豊岡市内に人工繁殖の施設が開設し、本格的な保護増殖の試みが始まる。人工繁殖に向けて様々な試行錯誤が繰り返されたが、繁殖は成功せず、1971年には最後の野生のコウノトリの死亡が確認され、野生下における絶滅となり、1986年には豊岡市内で捕獲された最後のコウノトリが飼育下で死亡した。

　一方で、1986年にはロシアから幼鳥6羽を譲り受け、人工繁殖の試みは続けられ、1988年に国内で初めて多摩動物公園で人工繁殖が成功した。以降人工繁殖は順調に成果を上げたため、1994年にはコウノトリ将来構想調査委員会が野生復帰に向けた基本計画を発表し、野生復帰計画がスタートすることとなった。

そして、1999年に新たな保護増殖施設で、野生復帰を前提とした施設として兵庫県立コウノトリの郷公園が開設、翌年の2000年にはコウノトリの郷公園内に豊岡市立コウノトリ文化館がオープンした。2002年には飼育下の個体数が一つの目安としていた100羽を超え、2003年にはコウノトリ野生復帰推進計画が策定され、コウノトリの野生復帰の道筋が示された。2004年には野生復帰に向けた馴化を始め、2005年9月の試験放鳥を迎えることになった。その後は野外での繁殖が成功するなど、着実に成果を上げている。

　コウノトリの野生復帰は豊岡に何をもたらしたのだろうか。コウノトリの野生復帰の舞台となった県立コウノトリの郷公園には、2004年までに多い年は15～16万人の来訪者があった。試験放鳥を行った2005年にはそれが24万人にふくれあがった。これは前年比で2倍である。2006年には49万人近くまで増加し、その後も40万人以上で推移している。新聞報道によれば、2007年度にコウノトリの見学目的で訪れた観光客がその旅費や土産代で10億円の経済効果をもたらしていたとされている[34]。農業においても明確な成果を上げている。

　豊岡市ではコウノトリの野生復帰を確実なものとするために、「コウノトリを育む農法」による農業を推進している。具体的には水稲の生産においてコウノトリの餌となる魚類やカエル類、昆虫類などを増やすために、冬季に水田に水を張る冬季湛水を実施したり、夏季に水田内の水位を下げる中干を行わないなどの配慮に加え、減農薬や低化学肥料、さらには無農薬での栽培を実施している。

　兵庫県と豊岡市はこのような生物多様性に配慮し、

環境負荷を低減させた農業に独自の直接支払制度を2005年度から開始した[35]。予算的な制約でこの制度の適用を受けられる農地は限定されたにもかかわらず、コウノトリを育む農法による水稲作付面積は2005年度の約40haから2008年度には183.1haと4倍以上の伸びを示している[35]。これはコウノトリを育む農法による米が「コウノトリの郷米」としてブランドイメージが確立され、2007年度には通常の方法によって栽培された米が30kg当たり6900円でJAに出荷されたのに対して、減農薬米は8600円で1.25倍、無農薬米は10800円で1.57倍で出荷された。JA但馬では無農薬米を5kgで3500円で販売している。

この環境負荷を低減させた農業は水稲のみならず、化学肥料、化学農薬を半分に抑えた「コウノトリの舞」というブランドを作り、大豆、そば、野菜においても推進されている[36]。ここでは他の例を取り上げないが、地域情報化という切り口から農村地域の社会イノベーションを起こしている例としては、いくつかの図書で紹介されている[24, 32]。

農村イノベーションを起こすためには何が必要であろうか。まず、地域の課題と強みを綿密に分析し、その地域ならではの問題解決のプロセスを検討することである。これまでもどこでも行われてきたことであるが、他の地域でメディアに取り上げられるような事例が出るとそれをそっくりまねしようという例も多々見られている。

課題を克服する鍵は地域の中でしか見つからない。そして、社会イノベーションにおいて重視されることであるが、創発的なプロセスが重要である。農村イノベーションは強力なリーダーシップより、協働する

8. 農村イノベーション

様々な主体のキーパーソンがつながることによって可能になる。これは、先に挙げた豊岡市の例を含め、数々の例から明らかに言えることである。

イノベーションに必要な人材育成

　近年は、日本の農村地域におけるリーダー不在がよく指摘される。しかし、実情を調べてみるとリーダーよりも、調整能力が高く、事務局の役割を担えるキーパーソンに成否がかかっていることが多い。地域に根付いたキーパーソンとともに、必要なのはよそ者である。「よそ者、ばか者、若者」がまちを変えるなどといわれるが、この中でも外部の視点から地域を冷静に観察し、強みと弱みを分析することができるよそ者がもう一方のキーパーソンとなる。「よそ者、ばか者、若者」をすべて兼ねることができる学生はこの担い手として大きな可能性を秘めている。実際に日本全国で数多くの大学が地域再生に大きな役割を果たしている。地域のキーパーソンが外部の視点も持てるようになり、よそ者としてのキーパーソンが地域に受け入れられ地域内の価値観も理解するようになりはじめて両者の二人三脚が成り立ち、新たな試みが可能になる。異なる地域のキーパーソンたちがつながるために、先に挙げたような地域情報化によるプラットフォームが重要になる。そしてそこからはじまる活動は個人の犠牲によってなり立つようなものではなく、個益と公益のバランスを取ったものでなければならず、事業性を持ったビジネスに展開していく必要がある。しかし、

突然大きな利益を上げようとすべきではなく、地域の資産を活かしたスモールビジネスを重視すべきである。農村地域ではファミリービジネスとコミュニティビジネスの場として様々な事業が展開されて来た歴史があり、事業が動き出すことになれば参画できる人材も見いだすことができるだろう。

　農村地域においては人材の不在は近年盛んに指摘されており、「補助金よりも補助人」といった認識が示されるようになった。これまで様々な形で農村地域には補助金が投入されてきたが、とうとうそれを使う人がいなくなってしまったという状況でもあると言える。去年からはじまった集落支援員のような補助人の仕組みは維持、あるいは強化すべきである。これまで述べてきたように、集落を活性化するにも、集落をたたむにしても、補助人の役割は極めて重要である。そして、農村イノベーションを起こすためにも、人材を重視し、新しい試みに補助金ではなくて、融資がなされるような仕組み作りが肝要である。既に、民間が主体となった社会イノベーションのアイデアのコンテストやその入賞者への融資の仕組みが存在するが、農村地域や国土管理を対象としたイノベーションのアイデアを広く募り、積極的に融資をする試みを広げる必要がある。そのことにより、自由な発想に基づく全く新しい試みが各地で挑戦され、それが成功することによって一つのモデルが構築できる。それが他の地域にスケールアウトすることによって、さらに大きな効果を生み出す。数少ないモデルでは、どこの地域でも適用可能とはならないが、様々なモデルが誕生することによって、これから挑戦する地域にとって様々な選択肢が提供されることになるのである。

9．地域の抵抗力を高める

変化に対応できる農村地域へ

　コンクリートから人へを一つのスローガンとした民主党政権が誕生した。しかし、新政権は発足直後から景気後退による税収の落ち込みに直面し、歳出の切り詰めを求められている。2009年11月には国民に公開する形で「事業仕分け」が行われ大きな話題となり、農村地域に関わる予算も次々にやり玉に挙がった。マニフェストの目玉であった農業者戸別所得補償制度は、2010年度から水田農業を対象に実施される。今後の農業政策の方向性がどうなるのかは、政府が示す方針を待たなければならないが、二大政党制が定着してくれば私たちは今回のような政権交代をたびたび経験することになるかもしれない。そのたびに農村地域に関わる政策が大きく転換することも考えられる。

　これまで述べてきたような環境や社会の状況に加え、政治的な状況も流動的になり、農村地域の運営はさらに難しくなるであろう。はじめに「抵抗力」と書いたが、今後は様々な変化に対応できる抵抗力のある地域運営が求められている。

　そのためには、先に述べたような流域居住圏における資源の再配置を行い、協働の仕組みを形成し、新たな産業につながる農村イノベーションを創発的に起こ

●農村イノベーション―発展に向けた撤退の農村計画というアプローチ

していくことが必要である。

　守る部分を明確にし、常に新たなチャレンジを続けていくことによって地域の抵抗力を高めることができるのである。

>
> 謝辞
> 　本書の一連の研究を進めるにあたっては、共同研究会「撤退の農村計画」の共同発起人である林直樹博士（横浜国立大学大学院環境情報研究院）、齋藤晋氏（国際日本文化研究センター）、前川英城氏（大谷大学文学部）をはじめとした研究会メンバーの皆さんとの議論に大きな影響を受けてきた。本書には、上記の3名に加えて、東淳樹講師、原科幸爾講師（岩手大学農学部）、山下良平助教（東京理科大学理工学部）の皆さんと2008年度に行った共同研究「集落限界点評価手法と持続可能な流域圏の構築」（平成20年度国土政策関係研究支援事業）の研究成果の一部も含まれている。特に、原科幸爾講師には、本書のために図表の作成もお手伝い頂いた。また、コウノトリの野生復帰と豊岡市における地域づくりに関しては菊地直樹講師（兵庫県立大学自然・環境科学研究所）に様々な情報を提供して頂いた。以上の皆さんにこの場をお借りしてお礼申し上げる次第である。

【引用文献】

1) Fischer, J., Peterson, G. D., Gardner, T. A., Gordon, L. J., Fazey, I., Elmqvist, T., Felton, A., Folke, C. and Dovers, S.(2009), "Integrating resilience thinking and optimisation for conservation", Trends in Ecology & Evolution 24 (10), pp. 549-554.
2) 松田裕之（2008），「なぜ生態系を守るのか？」，NTT出版.
3) 環境省（2007），「第三次生物多様性国家戦略」.
4) 糠谷真平（2002），「国土計画と圏域の考え方―流域との関連において―」，環境情報科学 31 (4), pp. 2-8.
5) 武内和彦・一ノ瀬友博（1997），「成熟社会における国土計画の新しい理念」．94-102『緑地環境科学』（井手久登編）．朝倉書店.
6) 国土交通省（2008），「国土形成計画（全国計画）」.
7) 国土交通省（2009），「九州圏広域地方計画～東アジアとともに発展し、活力と魅力あふれる国際フロンティア九州～」.
8) 大野晃（1991），「山村の高齢化と限界集落」，経済 7, pp. 55-71.
9) 国土交通省国土計画局（2008），「平成 19 年度国土施策創発調査　維持・存続が危ぶまれる集落の新たな地域運営と資源活用に関する方策検討調査報告書」．
10) 小田切徳美（2009），「農山村再生「限界集落」問題を超えて」，岩波書店.
11) 一ノ瀬友博・東淳樹・原科幸爾・林直樹・齋藤晋・前川英城・山下良平（2009），「集落限界点評価手法と持続可能な流域圏の構築」，人と国土 21 (1), pp. 44.
12) 林直樹・齋藤晋・一ノ瀬友博・前川英城（2007），「共同

研究会「撤退の農村計画」—人口減少時代の戦略的農村再構築—」，農村計画学会誌 25, pp. 564-567.

13) 一ノ瀬友博・東淳樹・原科幸爾・林直樹・齋藤晋・前川英城・山下良平 (2009)，「集落限界点評価手法と持続可能な流域圏の構築」，平成 20 年度国土政策関係研究支援事業研究成果報告書.

14) 武山絵美・九鬼康彰・松村広太・三宅康成 (2006)，「山間農業集落における水田団地への有害獣侵入経路」，農業土木学会論文集 241, pp. 59-65.

15) 有田博之・山本真由美・友正達美・大黒俊哉 (2003)，「耕作放棄水田の復田コストからみた農地保全対策」，農業土木学会論文集 225, pp. 95-102.

16) ロバート・フォーチュン（三宅馨訳）(1997)，「幕末日本探訪記　江戸と北京」，講談社.

17) 速水融 (2002)，「江戸農民の暮らしと人生」，麗澤大学出版会.

18) 一ノ瀬友博 (2007)，変化する景観をどうするか—景観は守るものか、創るものか—イギリスの農村景観の事例から．海外農村開発資料．農村開発企画委員会，東京．

19) 平井松午 (1996)，「精密な阿波の国実測図を作成した岡崎三蔵」．193-197『江戸時代人づくり風土記　36 ふるさとの人と知恵　徳島』（江戸時代人づくり風土記編纂室編）．農山漁村文化協会．

20) 一ノ瀬友博・伊藤休一 (2007)，「淡路島における江戸時代後期の林野の分布と昭和時代との比較」，農村計画学会誌 26, pp. 203-208.

21) 水本邦彦 (2003)，「草山の語る近世」，山川出版社．

22) Rackham, O. (2000), "The history of the countryside", Phoenix Press.

23) 原科幸爾 (2009)，「生態系と物質循環からみた広域地方

計画」,農村計画学会誌 28, pp. 84-89.

24) 國領二郎・飯盛義徳編 (2007),「「元気村」はこう創る」. 日本経済新聞出版社.

25) 一ノ瀬友博・板川暢・岸しげみ・井本郁子・厳網林 (2009),「WebGISを活用して地域住民と協働して作成する環境情報図の試み」, 2009年度農村計画学会秋期大会学術研究発表会要旨集, pp. 9-10.

26) 過疎問題懇談会 (2008),「過疎地域等の集落対策についての提言～集落の価値を見つめ直す～」.

27) 阿部巧・田口太郎 (2009), 中山間地域の災害における「支援員」の活動. 日本災害復興学会大会, 長岡.

28) 稲垣文彦 (2007),「サンタクルーズと荒谷～地域復興における足し算の支援と掛け算の支援～」, 復興デザイン研究 4, pp. 7.

29) 稲垣文彦・上村靖司・阿部巧・鈴木隆太・宮本匠 (2009), 新潟県中越地震からの復興における中間支援組織の活動の変遷—中越復興市民会議・(社) 中越防災安全機構復興デザインセンターの事例から—. 日本災害復興学会, 長岡.

30) (財) 兵庫震災記念21世紀研究機構安心安全なまちづくり政策研究群 (2009),「多自然居住地域における安全・安心の実現方策」, (財) 兵庫震災記念21世紀研究機構安心安全なまちづくり政策研究群.

31) ファランシス・ウェストリー・ブレンダ・ツィンマーマン・マイケル・クイン・パットン (2008),「誰が世界を変えるのか ソーシャルイノベーションはここから始まる」, 英治出版.

32) 飯盛義徳 (2009),「社会イノベータ」, 慶應義塾大学出版会.

33) http://si.sfc.keio.ac.jp/

34) 大沼あゆみ・山本雅資 (2009) 兵庫県豊岡市におけるコ

ウノトリ野生復帰をめぐる経済分析―コウノトリを育む農法の経済的背景とコウノトリの野生復帰がもたらす地域経済への効果―三田学会雑誌 102（2），pp. 3-23

35) 一ノ瀬友博（2007），「耕作放棄によって失われていく農村地域の水辺環境とその保全再生」，地球環境 12（1），pp. 37-47.

36) 豊岡市（2009），豊岡市経済・産業白書．豊岡市．

著者紹介

一ノ瀬　友博（いちのせ　ともひろ）

慶應義塾大学環境情報学部准教授（農村計画学・造園学・環境学）
1968年千葉県生まれ。東京大学農学部農業生物学科卒業、東京大学大学院農学生命科学研究科博士課程修了、博士（農学）、日本学術振興会特別研究員、兵庫県立大学自然・環境科学研究所准教授、兵庫県立淡路景観園芸学校主任研究員、マンチェスター大学客員研究員などを経て、2008年から現職。慶應義塾大学大学院政策・メディア研究科委員。共同研究会「撤退の農村計画」発起人。
一ノ瀬友博のホームページ
http://homepage.mac.com/tomohiro_ichinose/
共同研究会「撤退の農村計画」のホームページ
http://tettai.jp/

主な著書
『自然環境解析のためのリモートセンシング・GISハンドブック』（古今書院、2007年）（分担執筆）
『都市建築のかたち』（日本建築学会、2007年）（分担執筆）
『景観園芸入門』（ビオシティ、2005年）（分担執筆）
"Wild urban woodlands"（Springer-Verlag, 2005）（分担執筆）
『緑地環境科学』（朝倉書店、1997年）（分担執筆）

コパ・ブックス発刊にあたって

　いま、どれだけの日本人が良識をもっているのであろうか。日本の国の運営に責任のある政治家の世界をみると、新聞などでは、しばしば良識のかけらもないような政治家の行動が報道されている。こうした政治家が選挙で確実に落選するというのであれば、まだしも救いはある。しかし、むしろ、このような政治家こそ選挙に強いというのが現実のようである。要するに、有権者である国民も良識をもっているとは言い難い。

　行政の世界をみても、真面目に仕事に従事している行政マンが多いとしても、そのほとんどはマニュアル通りに仕事をしているだけなのではないかと感じられる。何のために仕事をしているのか、誰のためなのか、その仕事が税金をつかってする必要があるのか、もっと別の方法で合理的にできないのか、等々を考え、仕事の仕方を改良しながら仕事をしている行政マンはほとんどいないのではなかろうか。これでは、とても良識をもっているとはいえまい。

　行政の顧客である国民も、何か困った事態が発生すると、行政にその責任を押しつけ解決を迫る傾向が強い。たとえば、洪水多発地域だと分かっている場所に家を建てても、現実に水がつけば、行政の怠慢ということで救済を訴えるのが普通である。これで、良識があるといえるのであろうか。

　この結果、行政は国民の生活全般に干渉しなければならなくなり、そのために法外な借財を抱えるようになっているが、国民は、国や地方自治体がどれだけ借財を重ねても全くといってよいほど無頓着である。政治家や行政マンもこうした国民に注意を喚起するという行動はほとんどしていない。これでは、日本の将来はないというべきである。

　日本が健全な国に立ち返るためには、政治家や行政マン、さらには、国民が良識ある行動をしなければならない。良識ある行動、すなわち、優れた見識のもとに健全な判断をしていくことが必要である。良識を身につけるためには、状況に応じて理性ある討論をし、お互いに理性で納得していくことが基本となろう。

　自治体議会政策学会はこのような認識のもとに、理性ある討論の素材を提供しようと考え、今回、コパ・ブックスのシリーズを刊行することにした。COPAとは自治体議会政策学会の英略称である。

　良識を涵養するにあたって、このコパ・ブックスを役立ててもらえれば幸いである。

　　　　　　　　　　　　　　自治体議会政策学会　会長　竹下　譲

農村イノベーション
―発展に向けた撤退の農村計画というアプローチ―

発 行 日	2010 年 3 月 25 日
著　者	一ノ瀬　友博
監　修	自治体議会政策学会Ⓒ
発行人	片岡　幸三
印刷所	倉敷印刷株式会社
発行所	イマジン出版株式会社

〒112-0013　東京都文京区音羽1-5-8
電話　03-3942-2520　FAX　03-3942-2623
http://www.imagine-j.co.jp

ISBN978-4-87299-540-4　C2031　¥1000E

乱丁・落丁の場合には小社にてお取替えいたします。

D-file [ディーファイル]

イマジン出版
〒112-0013 東京都文京区音羽1-5-8

分権自治の時代・自治体の
新たな政策展開に必携

自治体の政策を集めた雑誌です
全国で唯一の自治体情報誌

毎月600以上の自治体関連記事を
新聞1紙の購読料なみの価格で取得。

[見本誌進呈中]

実務に役立つよう記事を詳細に分類、関係者必携!!

迅速・コンパクト
毎月2回刊行(1・8月は1回刊行)1ヶ月の1日〜15日までの記事を一冊に(上旬号、翌月10日発行)16日〜末日までの記事を一冊に(下旬号、翌月25日発行)
年22冊。A4判。各号100ページ前後。各号の掲載記事総数約300以上。

詳細な分類・編集
自治体実務経験者が記事を分類、編集。自治体の事業・施策に関する記事・各種統計記事に加えて、関連する国・企業の動向も収録。必須情報がこれ一冊でOK。

見やすい紙面
原寸大の読みやすい誌面。検索しやすい項目見出し。記事は新聞紙面を活かし、原寸サイズのまま転載。ページごとに項目見出しがつき、目次からの記事の検索が簡単。

豊富な情報量
58紙以上の全国紙・地方紙から、自治体関連の記事を収録。全国の自治体情報をカバー。

自治体情報誌 D-file別冊 Beacon Authority 実践自治

条例・要綱を詳細に収録
自治体が制定した最新の条例、要綱、マニュアルなどの詳細を独自に収録。背景などポイントを解説。

自治体アラカルト
地域や自治体の特徴的な動きをアラカルトとして編集。
自治体ごとの取り組みが具体的に把握でき、行政評価、政策分析に役立つ。

タイムリーな編集
年4回刊(3月・6月・9月・12月、各月25日発行)。各号に特集を掲載。自治体 を取りまく問題をタイムリーに解説。A4判・80ページ。

実務ベースの連載講座
最前線の行政課題に焦点をあて、実務面から的確に整理。

施策の実例と評価
自治体の最新施策の事例を紹介、施策の評価・ポイントを解説。各自治体の取り組みを調査・整理し、実務・政策の企画・立案に役立つよう編集。

D-fileとのセット
D-fileの使い勝手を一層高めるために編集した雑誌です。
別冊実践自治[ビーコンオーソリティー]のみの購読はできません。

ご購読価格（送料・税込）

☆年間契約	55,000円＝[ディーファイル] 年間22冊 月2冊(1・8月は月1冊)	実践自治[ビーコンオーソリティー] 4冊／年間合計26冊
☆半年契約	30,500円＝[ディーファイル] 半年間11冊 月2冊(1・8月は月1冊)	実践自治[ビーコンオーソリティー] 2冊／半年間合計13冊
☆月払契約	各月5,000円（1・8月は3,000円）＝[ディーファイル] 月2冊(1・8月は月1冊)	実践自治[ビーコンオーソリティー]＝3,6,9,12月各号1,250円

お問い合わせ、お申し込みは下記「イマジン自治情報センター」までお願いします。

電話 (9:00〜18:00)
03-3221-9455

FAX (24時間)
03-3288-1019

インターネット (24時間)
http://www.imagine-j.co.jp/